U0491850

海南省重点新型智库“全健康研究中心”成果

海南医学院校级重点学科资助成果

经济与管理

全健康视域下
海南自贸港海岸线生态治理研究

马金辉　黄美淳　著

吉林大学出版社
·长春·

图书在版编目（CIP）数据

全健康视域下海南自贸港海岸线生态治理研究 / 马金辉，黄美淳著 . —长春：吉林大学出版社，2022. 11

ISBN 978 - 7 - 5768 - 1218 - 3

Ⅰ. ①全… Ⅱ. ①马… ②黄… Ⅲ. ①自由贸易区—海岸线—生态环境—环境综合整治—研究—海南 Ⅳ. ①X321. 2

中国版本图书馆 CIP 数据核字（2022）第 243481 号

书　　名　全健康视域下海南自贸港海岸线生态治理研究
　　　　　QUANJIANKANG SHIYU XIA HAINAN ZIMAOGANG HAI'ANXIAN SHENGTAI ZHILI YANJIU
作　　者　马金辉　黄美淳
策划编辑　李潇潇
责任编辑　李婷婷
责任校对　李潇潇
装帧设计　中联华文
出版发行　吉林大学出版社
社　　址　长春市人民大街 4059 号
邮政编码　130021
发行电话　0431-89580028/29/21
网　　址　http：//www. jlup. com. cn
电子邮箱　jdcbs@ jlu. edu. cn
印　　刷　三河市华东印刷有限公司
开　　本　710mm×1000mm　1/16
印　　张　13. 5
字　　数　161 千字
版　　次　2023 年 1 月第 1 版
印　　次　2023 年 1 月第 1 次
书　　号　ISBN 978 - 7 - 5768 - 1218 - 3
定　　价　85. 00 元

版权所有　　翻印必究

前　言

海南是我国的经济特区之一，地理位置独特，拥有全国最好的生态环境，同时又是相对独立的地理单元，具有成为全国改革开放试验田的独特优势。海南在我国改革开放和社会主义现代化建设大局中具有特殊地位和重要作用。

海南省是我国唯一地处热带的省份，属热带季风气候，有着得天独厚的地缘优势和生态条件：它是“21世纪海上丝绸之路”的重要战略支点，也是中国连接南海各国的重要枢纽，是中国面向南海的窗口。同时，海南自贸港建设有着极强的辐射力和联动性，既具备贯彻“创新、协调、绿色、开放、共享”五大发展理念的载体，又具备人、动物、环境和谐共生的全健康治理基础。

2020年3月14日，海南省召开“全健康”专题研讨会。会议指出，推动“全健康”项目工作，是贯彻落实习近平总书记在中央全面深化改革委员会会议上的重要讲话精神的具体措施，是加强海南自贸港公共卫生风险防控的需要，要充分认识这项工作的重要性，树立信心，明确工作目标和顶层设计，全面引入“全健康”理念，以政府治理体系和治理能力建设为切入点，在体制机制创新、跨学科联合研究、人才培养、国际合作等方面建立起“全健康”体系，带动健康海南建设、生态文明建设、食品安全保障以及农业和畜牧业等相关产业发展，努力在“全健康”方面走在全国乃至世界前列。

从“大健康”到“全健康”，这是质的飞跃，当国内不少地区还在围绕如何进行全民“大健康”开展普及工作时，海南已经开始落实升级版的“全健康”布局，这也是海南自贸港建设中“解放思想、敢闯敢试、大胆创新”的具体体现。同时，鉴于当前国内抗击新冠肺炎疫情已取得阶段性胜利，我们更加感到海南借助世界银行贷款在国内率先开展全健康的理论研究与实践探索势在必行。

海南医学院党委书记

杨俊

2022 年 7 月 16 日

目　录
CONTENTS

下篇　自贸港全健康治理实践

上篇 01

自贸港全健康理论探索

第一章

“全健康”理念

一、“全健康”理念提出背景

工业革命以来，科技和人类生产力高速增长，特别是进入信息时代的第三次科技革命以后，人们获取信息的速度更快、数量更多、效率更高，人类的衣、食、住、行、用等日常生活的各个方面也发生了重大的变革。技术进步带来了经济的快速发展，带来了巨大的物质财富和便利，但也带来了常见的环境问题和安全问题，如空气和水污染、危险化学品、转基因食品、气候变化和生物多样性的急剧减少，这不仅增加了公共风险因素，也加剧了环境健康风险。

为了解决健康威胁，人类采取了大量的措施。许多国际组织和发达国家在环境及人类健康风险评价和管理的整体框架、技术方法、数据库等方面开展了一系列的研究探索。然而，随着时代的发展和人类的进步，上述问题反而愈加突出，成为当前突出的公共卫生问题。事实证明，没有任何一个学科、机构、组织甚至国家能够解决当今复杂的公共卫生问题。在这种情况下，人们对采取跨学科和跨地区的方法来解决健康威胁的共识越来越强。基于此背景下提出的“全健康”，是一种新的战略、方法和学科，用于对人类、动物和环境健康进行系统的学习和研究，它是多学科、跨学科的，并且仍在不断发展，以应对当今复杂的公共卫生问题的需要，是当前研究的主要方向。

二、“全健康”的概念及发展

“全健康（One Health）”的概念，包括了人类、动物、食品、环境等方面，并强调从人、动物和环境的角度出发，以整体的方式解决复杂的健康问题。这是一项交叉学科和跨地区协作互动的创新战略，致力共同促进人和动物健康，维护和改善生态环境。

跨学科合作是“全健康”理念的核心。近年来，由于各种原因使人类、动物、植物和环境之间的关系发生了巨大变化，导致许多新的传染病出现，如非典型性肺炎（简称非典，SARS）、高致病性禽流感和埃博拉病毒，以及狂犬病、血吸虫病和布鲁氏菌病等再发传染病。越来越多的人意识到，防治这些疾病需要不同学科之间的合作，如医学、兽医学、公共卫生和环境科学。

2004 年 9 月 29 日，国际野生生物保护学会（Wildlife Conservation Society，WCS）于美国纽约曼哈顿举行了涵盖医学和生态系统健康的学术会议，提出了“One World，One Health”这一概念，并达成了 12 项“曼哈顿原则”，旨在更全面地预防流行性疾病，维护生态系统完整与生物多样性。2007 年 4 月，美国兽医协会建立“全健康”行动小组，后来逐渐演变为“全健康”委员会。2007 年 12 月 4 日至 6 日，在印度新德里召开的禽流感及流感大流行部长级国际会议，制定了“实现动物、人类、生态共同健康繁荣的全球战略框架”。

2010 年始，“全健康”从理念走向行动，在全球广泛传播。2010 年 4 月，人禽流感部长级国际会议要求在动物、人类、生态系统之间采取必要行动，广泛实施“全健康”模式。2010 年 5 月，美国疾病控制与预防中心（CDC）与世界动物卫生组织（OIE）、联合国粮农组织（FAO）和世界卫生组织（WHO）共同合作，在美国石山举行了“以政策视角制定和完善‘全健康’实施路线图”为主题的“石山会议”，旨在确定具体 7 项行动，倡导在“人类—动物—环境层面上共担责任、协调全球活动，此举将“全健康”的概念又向前推进了一步。2011 年 2 月，首届国际全健康大会在澳大利亚墨尔本举行，与会者共同探讨、推动“全健康”理念。除了了解人类、动物和环境健康的相互依赖之外，与会者还认为，经济学、社会行为学、食品安全学等其他学科也同样重要。2014 年 11 月，在中国广州组织召开了国内首届“One Health”研究国际论坛，并成功举办了多次培训班与研讨会，推动了国内“全健康”的发展。2020 年 3 月 14 日，在海南省召开的“全健康”专题会议将“全健康”治理理念融入海南自由贸易港建设中，致力把海南打造成为全球“全健康”治理的示范区。

现在欧美一些国家、澳洲和加拿大等均建立了“全健康”教育科研相关机构，加利福尼亚大学戴维斯分校、爱荷华州立大学、爱丁堡大学和印度克拉拉兽医学院等高校都在开展“全健康”的科研工作。2020 年，上海交通大学与爱丁堡大学联合成立的全健康研究中心基地作为“全健康”理念在真实世界研究的“试验田”，推动了全健康体系在中国的实施。2021 年海南医学院成立了全健康研究中心，为世行贷款助力全健康示范区项目提供智库支持。

三、"全健康"的外延概述

（一）生命的健康

生命健康应该涵盖两个含义。

一是人与动物健康。"全健康"的目标是提高地球上所有生命的健康水平，不仅仅只关心我们人类自己。它致力把人类医学、动物医学和环境科学相结合以改善人类和动物的生存及生活质量，从而实现人类、动物和生态系统的最佳健康。研究表明，60%以上的人类新传染病来自动物，其中75%来自野生动物，人畜共患病对人类和动物构成了巨大威胁。从 SARS、H7N9 禽流感、甲型 H1N1 猪流感、埃博拉病毒到新型冠状病毒肺炎，无不警醒着我们人类健康和动物是密不可分的。因此，必须树立整体健康观，使人与动物和谐相处，统筹维护和促进人类健康与动物健康。

二是人群健康。"一个不少、一个不落"，也就是国际社会倡导的"全民健康覆盖"，即保证人们在任何时间及任何地点都可以在不花大钱的状况下得到他们需要的基本医疗保健服务。简单说就是达到全民健康覆盖是联合国可持续发展目标的必要组成部分，"人人享有健康"已成为各国政府的政治承诺和责任担当。而根据世界卫生组织（WHO）的数据显示，全球仅有一半人口获得了基本卫生服务的覆盖，仍有数亿人无法获得保持健康、管理慢性病或疾病康复所需的服务。我国一直重视健康卫生事业的发展，并致力实现"全民健康覆盖"的全球目标。2009 年新医改的主要目的就是"建立健全覆盖城乡居民的基本医疗卫生制度，为群众提供安全、有效、方便、价廉的医疗卫生服务"。经过努力，我国目前已经实现了对基本医疗保险和基本公共卫生服务的全民覆盖，而正在实施的健康中国战略也要实现从以治病为中心转向以健康为中心。毋庸置疑，中国目前尽管做出了较大的成绩，但在涵盖能力、成效和公正性等方面仍有许多差距和不足之处，“全民健康覆盖”仍在路上。因此，需要用“全健康”理念去指导和深化改革，尽快建立优质高效的健康服务体系。

（二）无国界健康

近年来，随着全球健康的兴起与推广，为了提高人们的身体素质，实现世界卫生公平，各国越来越关注跨越国界和地域的健康问题，积极推动卫生科学的跨学科协作研究，使群体防治与个人诊断防治有机地融合，促进所有人的健康。在很短的时间里，新型冠状病毒在全球范围内的广泛传播就表明，全球化既提供了便利，又提出了健康挑战，传染病也很容易经由局部地区暴发而向全球范围蔓延。近几十年来，快速的全球化极大地改变了全球疾病状况，整合了全球健康问题，增加了健康威胁的多样性。我们不但遭受了传染病和公共卫生突发事件的威胁，同时还受到了非感染性疾病汇聚的挑战，因为心血管疾病、肥胖症、脑卒中和糖尿病等过去仅在富裕地区才被看作是慢性的疾病，开始在发展中国家蔓延。在后全球化时代，各个发展中国家甚至每个人都无法完全独立地对抗健康威胁，因此有必要制定一个全球健康方针，从全球角度解决健康问题。中国一直致力发展世界健康卫生事业，积极地贯彻和执行世界卫生治理准则，是世界卫生合作的主动倡导者、发起者和重要实践者，也始终在努力构建人类命运共同体，积极地推动“健康丝绸之路”的建设工程。我国一直积极参与全球健康卫生建设，提出我国的看法并提供解决办法；积极开展海外医学救助和全球紧急处理，承担全球人道主义责任。虽然我国面对着新冠肺炎疫情的巨大挑战，但我国仍然积极进行全球救助，共享防治经验，彰显了一个负责任大国的担当与责任。

（三）多方位健康

为人民群众提供全方位、全周期的健康服务是实施“全健康”的宗旨。这就要求由医疗服务转为保健服务，把过去单一的服务供给模式转为多元化模式。而健康服务的终极目标，应该是实现全方位健康。从健康内涵上讲，全方位健康不仅是指生理健康，还包括心理健康、道德健康、社会健康、环境健康等方面。全方位健康服务至少应包括以下几方面内容：从服务内容上讲，应涵盖传统的预防、护理、家庭健康、老年护理和临终关怀，同时还有新兴的健康管理、健康教育、医疗服务与保险等业务；从服务的提供手段上讲，分为中药、西药、运动治疗、营养疗法、音乐疗法和气候治疗等；从服务场所来讲，卫生服务包括基层、社区、疾控、医院、养老院和家庭等各种机构的公平分工和有效合作；从服务的来源渠道上讲，应该有政府提供的健康服务及社会力量积极参与的能够满足居民多样化、差异化需求的健康服务；从服务方式上讲，随着“互联网+医疗健康”的发展，互联网医院、远程医疗、在线医疗、在线健康管理等的出现，应该形成多种线上和线下服务方式并存的融合局面。此外，我国大力发展健康产业，也为全方位、多元化服务注入了活力。

（四）全生命周期健康

全生命周期健康，是涵盖一个人的全部生命周期的健康概念——从诞生到去世。“全健康”理念应该涵盖以下两个方面：首先，它所指的是处在生命中各个时期的人，包括生命发展的各个阶段，即生命孕育、婴儿出生前后期、幼儿期、儿童期、少年期、青年期、成年期和老年期。根据生命中各个发展阶段的健康需要，制定合适的健康服务内容和策略。《健康中国行动（2019—2030年）》的15个专项行动，就包括了覆盖全生命周期的妇幼健康促进行动等、中小学健康促进行动、职业健康保护行动和老年健康促进行动，对每一生命阶段提出明确的健康促进策略。其次，强调在生命的各个阶段向个人提供服务的系统连续性。近年来，我国医疗卫生服务体系和能力都有了极大的提升，基本形成了医疗卫生服务的“四梁八柱”。但是各大服务体系内、外相对独立，各自为政，缺乏围绕全生命周期以健康为中心的协调与融合，导致医防分离、服务碎片化问题长期得不到解决，影响服务质量和效率。因此，需要用“全健康”理念来指导医疗卫生体制改革，尽快建立以人为中心的覆盖全生命周期的公平可及、系统连续的健康服务体系。

（五）全因素干预措施

全因素干预措施，是指考虑到危害健康的各种因素的干预措施。“全健康”理念重视身体影响因素，致力促进人类、动物和自然环境健康发展，并达到最佳生态健康的目标。WHO研究表明，影响健康的因素包括四个方面：生物学因素、环境因素、卫生服务因素和个人行为与生活方式因素。其中，个人行为与生活方式因素、环境因素对健康的影响分别占60%和17%。工业化、城镇化、人口老龄化、疾病谱改变以及人类生态环境与生活方式的改变，都使得影响身体健康的各种因素更加错综复杂，所以必须根据“全健康”理念，通过更全面的方式来处理关乎民众身体健康的重大与长期问题。近年来，政府提供了大量的解决办法，以克服危害身体健康的复杂原因。所以，在《“健康中国2030”规划纲要》中明确了改革要重视直接影响身体健康的各类因素，积极推进发展健康生活方式，优化卫生公共服务，健全卫生保障制度，积极营造良好的健康环境，发展壮大健康产业，在市场供求方面同时发力，统筹社会、行业、个人三个层次的健康行为，以形成保障社会和增进人民身体健康的巨大合力。《健康中国行动（2019—2030年）》明确了通过开展健康科学知识的普及、合理膳食、全民健身、控烟、心理、环境6项健康促进行动，对影响健康及其决定因素的各个方面实施有效干预，并解决健康行为和生活方式问题、环境污染以及其他影响健康的问题。由于人类、动物与自然环境之间的关联越来越紧密，必须开展跨学科、跨地区、跨部门和全球协作，共同应对危害身体健康的复杂因素，这也是“全健康”理念的真正含义。

（六）全政策保障

全政策保障主要是指将健康融入所有政策。“将健康融入所有政策”是世界卫生组织提出并建议的跨部门行动战略，旨在解决健康的宏观经济和社会决定因素。近年来，我国重视健康政策的制定，2016年在全国卫生与健康大会上提出把“将健康融入所有政策”作为新时期卫生与健康工作的六项方针之一。在党的十九大报告中，也明确提出“要完善国民健康政策，为人民群众提供全方位全周期健康服务”。卫生问题也将不再仅仅在单一层面上处理，而是集中统筹，由原来单一的地区卫生部门主管变成了由多家部委联合参与管理，从防治慢性病转为增进身心健康。在这些措施之后，我国也制定了不少的政府规定与计划，包括《中华人民共和国基本医疗卫生与健康促进法》、《中华人民共和国环境保护法》（2017 修正）、《中华人民共和国食品安全法》（2021 修正）《“健康中国 2030”规划纲要》等，为创建健康中国提供了政策保障。但是，由于“将健康融入所有政策”在我国实施的时间并不久，因而面临着许多挑战，如我国各地的政府部门往往对该政策不够了解和关注，也没有部门合作协同制度和健康社会影响评价系统，在促进和实施“将健康融入所有政策”方面仍然存在重大差距。因此，为确保“将健康融入所有政策”真正纳入各级政府和部委的决策和工作主流，有必要积极引入“全健康”理念，提高公众的认识，建立协调和问责机制，并建立健康影响评估制度。

四、“全健康”对解决中国健康问题的重要性

“全健康”在我国研究起步较晚。在中国，过去“健康”的概念主要是指人的健康。但是全球范围内的各类新发传染性疫情病例数据告诉我们，光有人的“大健康”是不够的，也是不全面的。由“大健康”往“全健康”过渡，既是质的飞跃，又是人类社会发展的必然。“全健康”理念涵盖了人类健康、动物健康和环境健康以及全球卫生发展的各个方面，这一理念也获得了众多专家学者的认同。所以，有必要对“全健康”进行理论和实践研究。

（一）“全健康”是解决中国的生态环境与公共卫生紧迫问题的必然要求

由于中国经济的飞速发展，除对自然环境有损害之外，我国公共卫生状况也不容乐观。例如，H7N9 亚型禽流感疫情、央视报道的苏浙沪儿童尿液中含畜禽类抗生素，以及近三年暴发的新冠肺炎疫情

等，都给中国公共卫生监督与管理工作带来了严峻挑战。此外，职业病、人畜共患病和食品安全问题频发，使我国的公共卫生形势更加严峻。“全健康”理念，作为一种致力于人、动物与自然环境整体健康发展的新理念，恰恰是当前解决我国严峻的生态环境及公共卫生问题所必需的。

（二）“全健康”是可持续发展战略与生态文明建设的需要

近年来，我国实施了两大发展战略：可持续发展和生态文明建设。可持续发展是需要适应不断变化的时代和社会经济发展而产生的。可持续发展已经成为国家战略和政策的一部分。“全健康”是对绿色发展理念和人与自然可持续关系的具体落实，这与战略中强调的“人与自然是一个紧密联系的整体，呼吁人类与自然要和谐相处”是一致的。从某种意义上说，生态文明建设是可持续发展战略的升华，它强调人类和自然是一个共同体，人类和自然应该和谐共处。为解决人类、动物和环境之间出现的公共卫生、食品安全和环境问题，“全健康”理念应运而生，目的是为双方实现相同的目标。

（三）“全健康”是人类医学、动物医学、健康科学和环境科学等跨学科合作的需要

“全健康”理念已经得到社会各界的普遍认可，同时也得到世界各国的认可，因此它满足了当前各国对保护自然环境的需求。中国同世界其他国家一样，也面临着环境污染、生态退化以及公民身体健康状况不佳的危机。不过，在处理这些问题时，许多专家和科学家以及公民个人，都并没有意识到人、动物、环境乃至整个生态系统的重要性和整体性。地区和部门之间缺乏合作，缺乏独立的研究，相关学科之间缺乏联

系，协作水平低，也是公共危机没有得到充分解决的部分原因。“全健康”理念使人们能够理解人、动物、环境和生态系统之间的相互联系，并从根本上改变他们以往的态度。

第二章

“全健康”与传统健康、大健康的关系

一、传统健康与大健康的概念

（一）传统健康的定义

“健康（health）”通常被简单地定义为“机体处于正常运作状态，没有疾病”。而疾病通常被定义为因机体在一定的条件下，受病因损害作用后，因自稳调节紊乱而发生的异常生命活动过程。在《辞海》（第7版）中健康的概念是：“人体生理机能正常，没有缺陷和疾病。”这种提法要比“健康就是没有病”完善些。

关于“健康”的概念，《不列颠简明百科全书》1985年中文版的定义是：“健康，使个体能长时期地适应环境的身体、情绪、精神及社交方面的能力。”“健康用可测定的数据（如身长、重量、体温、脉搏、血压、视力等）来度量，其国际标准却很难把握。”虽然该术语的正确定义指的是心理因素，但它并不专门针对疾病的测量或分类。可以说，这是由传统的自然生物医学模式向生物、心理、社会医学模式转化的必要成果。1946年，世界卫生组织（WHO）明确提出了“身体健康”的概念：“身体健康乃是一个在躯体上、心灵上和整个社会生活上的完满情况，而不单纯是毫无病痛和虚弱的情况。”世卫组织的这一“身体健康”的概念，并不局限于生物学意义上的身体健康，还包括心理和社会关系（社会互动的质量），以及体魄、心灵、家庭和社会生活的各个方面。

（二）大健康理念及提出背景

大健康（Comprehensive Health）是随着时代发展、社会生活需求变化以及人们疾病谱的转变，所提出的一种全局的保健理念。它围绕着人的衣食住行以及人的生老病死，关注各类影响健康的危险因素和误区，提倡自我健康管理，是在对生命全过程全面呵护的理念指导下提出来的。其追求的不仅是个人保健，还涉及人类精神、心理、生态、社区、环境、道德等方面的完全保健。提倡的不只是科学的保健生活方法，还有合理的健康消费等。它的范畴涉及所有与健康相关的资讯、服务等，也涉及所有社会组织对于适应人类社会性的健康需求所做出的行为。所谓大健康就是紧紧围绕着人们身体健康期望的核心概念，让人们“生得优、活得长、不得病、少得病、病得晚、走得安”。

21 世纪，是人们追求健康的新时代，也是人们享有健康的新时期；21 世纪，人们从发展社会经济到关注自身的健康，人类最需要的是健康。健康是人生中最重要的财富。没有健康的身体一切都毫无意义。然而，当前我国居民的亚健康状况亟待改善，其保健能力、健康消费行为也亟待提升，因此政府部门需要积极传播科学合理的保健知识，提倡卫生文明，进一步规范保健食品企业主体行为，并且根据医药保健品行业市场现状，消费者急需科学的理论知识做正确的消费引导。同时我国社会健康服务机构资源与人才非常匮乏，正面对着“入世”后的巨大挑战，民族健康产业、民族健康文明也亟须进一步扶持和传播。可见，我国的卫生事业状况不容乐观，建构“大健康工程”乃大势所趋；新医疗改革中提倡防治为主，国家中医药管理局明确提出了“治未病”的医疗指导原则，由此促成了我国大健康产业的快速发展。生命健康是一个全程关怀的过程，现代疾病，事后对抗性诊疗往往为时已晚。随着社会经济发展和人民生活水平的迅速提升，人们在尽情享受现代社会发展成就的同时，文明病，即生活方式病也日渐盛行，而处在亚健康状况的群体也愈来愈多。生活环境虽然改善了，但食品安全管理和环境卫生问题却此起彼伏，生活品质反而下降了。如今人们的某些慢性病问题也越来越凸显，不重视亚健康状况，这已严重危害民众的身体健康，也耗费了大量的社会医疗资源和医疗费用，不少人也因病致贫。

在各个历史阶段，人们对健康认知、疾病预防的重点也有所不同，健康内容不断更新。比如美国，1875 年至 1925 年是环境时代，重点是天花免疫接种、外科消毒、公共卫生服务；1925 年至 1950 年是药物时代，重点是对氨苯磺胺药物、土霉素、抗结核等药物的广泛使用；1950 年至 1980 年是生活方式时代，重点是心脏外科手术、心脏移植、冠状动脉搭桥；而在 30 年后，即 2009 年，美国前总统奥巴马就曾这样形容和要求改革美国的医疗保障制度和健康体制——“正是医疗领域过高的成本，构成了对我们经济巨大的威胁。这是摆在我们家庭和企业面前的越来越高的障碍，是摆在联邦政府面前的一颗棘手的定时炸弹，更是美国的生命不可承受之重”。虽然二战后美国经济高速发展，但心脑血管病、高血糖等富贵病也接踵而来，这种困扰至今仍在。因此，发达国家将工作重点转到防治领域，也就是为应对人们生活方式变化所发起的严峻挑战。已经摆脱了基本温饱问题，全面建成小康社会的中国，也面对着同样的健康挑战，亚健康状态病人增加、慢性疾病发生率增加、重大公共卫生事件等频敲警钟，正推动着政府制定“防治前移策略”。

大健康事业是全人类的一项共同责任，既关乎公平地获得人类基本权利与健康及集体防范跨越国界的威胁，更关乎人类和平共处和合作共进。通过建立世界健康组织联盟，创造文明文化的新力量，将在地区与全球性大卫生事务的可持续创新发展和友好合作中，发挥风向标的重大影响。

二、全健康与大健康的融合

正在兴起的全健康（One Health）理念较权威的定义即通过地区、各国和世界的跨学科协作，以达到人、动物和自然环境的最佳健康。

全健康与大健康相比，前者涵盖的内容更为广泛，其关注的是人类、动植物和人类之间的和谐与安全；而大健康理念的重点是以人为本，亦即整体生命周期的保健状态（包含生理、心理、社会）和生活质量。全健康理念主要关注人的整体社会健康管理，以及身处一个社会与整个地球自然环境之间密不可分的关系；而大健康理念则关注个人的健康管理，以及整体社会的健康管理体系。全健康理念主要关注动植物健康和与人类状况之间的健康关联；大健康理念则关注健康的消费环境和健康的生活方式。全健康理念明确了保护野生动物和避免伤害动物的健康是人类生命安全的关键前提。特别是，全健康理念与“人类命运共同体”的理念贯通一致，为了提升和改善人类社会的健康环境，有必要促进大健康向全健康发展。

这是一个从大健康往全健康发展的质的飞跃，当国内不少地区还在围绕如何进行全民大健康开展普及工作时，海南已经开始通过建设海南自由贸易港具体实现海南两种精神——椰树精神和特区精神。

三、由传统健康走向全健康

通过对公共卫生与传统卫生监督范式的发展过程进行对比分析，能够进一步理解公共卫生范式从传统卫生到全面保健的过渡过程。“全健康”概念源自英语“One Health”。海南应全面引入“全健康”理念，以政府治理体系和治理能力建设为切入点，在体制机制创新、跨学科联合研究、人才培养、国际合作等方面建立起“全健康”体系，带动健康海南建设、生态文明建设、食品安全保障以及农业和畜牧业等相关产业发展，努力在" 全健康" 方面走在全国乃至世界前列。

近年来，由于新的传染病发生以及某些再发传染病的暴发，人、动物与自然环境之间的关系显得十分紧张，促使人类对自身的生存方式与生存安危做出反思，这才使得“One Health”变得越来越流行。自2004年以来，国际社会定期举办会议或论坛讨论“One Health”议题，并出台具体行动方案。在国内，中山大学公共卫生学院的陆家海教授和他的科研队伍，于2014年11月在广州举办了首届“One Health”健康研究国际论坛。此后，这一理念得到了更多有识之士的拥护。

简而言之，全健康是一种由政府主导的，多学科、多部门参与的，以实现最佳的健康和人、动物与自然环境之间和谐的理念。为了更好地理解传统健康范式和全健康范式之间的异同，现列出以下表格详见表2-1。

表 2-1 传统健康范式与全健康范式之比较

	传统健康范式	全健康范式
健康理念	敬畏自然、万物	人与动物、自然的和谐共生
健康层次	个体健康、群体健康	个体健康、群体健康、生态健康
关注内容	生理健康	动物生理健康、心理健康与社会自然环境适应能力
干预方式	引导人们改变生活方式以获得健康	消除影响疾病与健康的社会决定因素，创造有利于健康的公平社会环境
研究方法	流行病学方法为主	多学科方法集合
实施主体	卫生部门	多部门合作，社会广泛参与
管理制度	未将健康融入所有政策	将健康融入所有政策
运行机制	条块分割，各自为政，各行其是	上下联动，联防联控，合作共治

第三章

“全健康”相关法律及公共政策

一、传染病防治法

（一）传染病及传染病防治法

传染病（Infectious Diseases）是由各类病原体所引发的病症，能够在人与人、动物与动物或人与动物间互相传染。一般的微生物都是细菌，少数则为寄生虫，所以由寄生虫引起者也被称为寄生虫病。此外，有些传染病，防疫部门有义务对其进行持续监测并及时采取应对措施，一旦发现就必须向当地防疫部门报告，这就是所谓的法定传染病。

传染病防治法是为预防、控制和消除传染病的发生与流行，保障人类身体健康和公共卫生而制定的国家法规。

（二）传染病分类

《中华人民共和国传染病防治法》（下称《传染病防治法》），将规定的传染病分为甲、乙、丙三类。

甲类传染病是指：鼠疫、霍乱。

乙类传染病是指：传染性非典型肺炎、艾滋病、病毒性肝炎、脊髓灰质炎、人感染高致病性禽流感、麻疹、流行性出血热、狂犬病、流行性乙型脑炎等。

丙类传染病是指：流行性感冒、流行性腮腺炎、风疹、急性出血性结膜炎、麻风病、流行性和地方性斑疹伤寒、黑热病、棘球蚴病、丝虫病，除霍乱、细菌性和阿米巴性痢疾、伤寒和副伤寒以外的感染性腹泻疾病。

（三）传染病流行过程的基本环节

传染源是指体内有病原体生存、繁殖，并能将病原体排出的人或动物。包括传染病患者、病原体携带者、隐性感染者、患病或带病原体的动物。

感染途径是指细菌在离开传染源后，进入新的易感宿主，在外部自然环境中传播所经过的所有过程。

易感群体是指对某些传染病没有抗性的群体，容易被传染。

（四）传染病预防的措施

1. 针对传染源的措施

针对传染源采取措施主要是为了消除或减少其传播病原体的作用，有效遏制传染病流行。

对病人的措施，主要是为了早期发现、及时治疗、有效控制传染源和遏制疾病的传播；及时正确地报道传染病，可以对传染病做出正确调查，为制定防治和管理传染病的策略和措施提供依据。隔离病人意味着将他们与环境中的易感人群分开。传染病病人或疑似病人一经发现要立即实行分级管理，减少或阻止病原体扩散。对于甲类传染病患者，与按甲类管理的乙类传染病（传染性非典型肺炎）病人应当实行隔离处理，间隔时间按照医疗检验结果决定；疑似患者治愈前，应当在规定地点单独隔离处理。对于乙类及丙类传染病患者，应当按照病情情况加以隔离和处理。病人也可以在医院或者家庭中被隔离，通常直到患者不再存在传染性为止；对可疑传染的患者，应当按照其疾病情况加以处理并进行必要的传染控制措施。流行性出血热、钩端螺旋体病和布鲁氏菌病患者不需要隔离，因为他们不是重要的传染源。甲类传染病患者和已进行过甲类处理的乙类传染病患者，以及在隔离期限终止之前拒绝接受隔离和未经同意私自脱离或隔离治疗的可疑患者和病媒，公安部门均可协助对其依法采取强制性的隔离措施。

对病原携带者的措施。对甲类传染病和按甲类管理的乙类传染病的病原携带者实施隔离处理。有些传染病病原携带者的职业和社会活动也受到了相应的法律约束。例如，久治不愈的伤寒或病毒性肝炎病原携带者，不能进入饮食健康行业；而艾滋病和乙型病毒性肝炎的病因携带者，不能献血。

对接触者的措施。所有与传染源（病人、病原体携带者或疑似病例）有过密切接触并可能被感染的人都应被安置在一个特殊的地方进行检测、医疗监测并采取其他必要的预防措施。

留验：隔离观察。对甲类传染病的密切接触者应进行留验，即限制其活动范围，并要求在指定场所进行诊察、检验和治疗。

医疗观察：对乙类和丙类传染病密切接触者应实施医学观察，即在正常工作、学习的情况下，接受体格检查、病原学检查和必要的卫生处理。

紧急接种与药物预防：可对潜伏期较长的较重大感染的密切接触者，实施紧急注射疫苗及用药的预防。例如，被狗咬伤或抓伤的人应立即接种狂犬病疫苗。

动物传染源的措施。根据感染动物对人体的危害程度和经济价值，一般实施隔离处理、捕杀、焚烧、深埋等防治措施。另外，还需要实施对家畜和宠物的预防接种和检疫。

2. 针对传播途径的措施

对传染途径的预防措施，主要是针对传染源污染的环境采取有效措施，消除或杀灭病原体。对各种传染途径的感染要采取不同的保护措施。例如，传染性肠道疾病最常经由口腔传播，所以需要对患者的粪便、污水、废物、被污染的物体和环境等加以消毒；而呼吸道感染则主要经由空气传染，所以需要进行通风、空气杀菌以及自身保护（如戴口罩）等措施；由于艾滋病毒可以通过性行为和血液传播，因此应采取更安全的性行为（如避孕套）、避免共用针头，并提高血液和血液制品的安全性；虫媒传染病则主要采取杀虫来控制。

消毒是采用化学、物理、生物等方法消除或杀灭外界环境中病原体的一种措施，可分为预防性消毒和疫源地消毒。

预防性消毒：当不能确定具体的传染源时，对可能被传染源污染的公共场所和物品实施消毒。如奶制品消毒、饮水消毒、餐具消毒等。

疫源地消毒：对现有或曾经有传染源存在的场所进行消毒。其目的是消除传染源排出的病原体。疫源地消毒可分为随时消毒和终末消毒。随时消毒是指当传染源还在疫源地时，对其排泄物、分泌物、被污染的物品及场所进行的及时消毒；终末消毒是当传染源痊愈、死亡或离开后对疫源地进行彻底消毒，从而清除传染源所散播在外界环境中的病原体。对外界抵抗力较强的病原体引起的传染病才需要进行终末消毒，如鼠疫、霍乱、病毒性肝炎、结核、伤寒、炭疽、白喉等，而流感、水痘、麻疹等疾病一般不需要进行终末消毒。

杀虫指的是通过物理、化学和生物方式来抑制昆虫危害，尤其是用作病菌载体的节肢动物，如蚊子、苍蝇和跳蚤。杀虫方式可以分为治疗性杀虫和疫源地杀虫，而后者则分为随机杀虫和终末杀虫。

3. 针对易感人群的措施

接种疫苗。预防接种通常是在传染病流行之前使用，以提高人类获得抵抗某一特定或与疫苗相似病原的免疫力，减少人群的易感性，以便更有效地防治相关的传染病。它是控制和消除人类传染病的一个重要工具，包括主动和被动免疫接种。

药物预防。针对一些有特效药物的感染，在流感期内对易感群体开展预防性药物，可成为一项预防性应对举措。例如，在疟疾流行期间，对脆弱的人施用抗疟疾药物，但其预防效果短暂而微弱，而且很容易产生抗药性。

个人保护。在流行病期间，易感人群的个人保护对防止感染至关重要。例如，在每年呼吸道感染常见的时候，人们应尽可能地避免去拥挤的地方，做好工作场所和家庭的通风工作，与病人交流时戴上口罩。蚊帐和驱蚊剂可以用来防止蚊子传播的感染。使用安全套可以有效预防传播疾病和艾滋病。接触传染病的医护和实验室人员必须严格遵守规程，挑选和使用必需的个人防护用具（如口罩、手套等）。

（五）法律责任

《传染病防治法》第六十五条规定：地方各级人民政府未依照本法的规定履行报告职责，或者隐瞒、谎报、缓报传染病疫情，或者在暴发、流行时，未及时组织救治、采取控制措施的，由上级人民政府责令改正，通报批评；造成传染病传播、流行或者其他严重后果的，对负有责任的主管人员，依法给予行政处分；构成犯罪的，依法追究刑事责任。

《传染病防治法》第六十六条规定：县级以上人民政府卫生行政部门违反本法规定，有 下列情形之一的，由本级人民政府、上级人民政府卫生行政部门责令改正，通报批评；造成 传染病传播、流行或者其他严重后果的，对负有责任的主管人员和其他直接责任人员，依法 给予行政处分；构成犯罪的，依法追究刑事责任：

（一）未依法履行传染病疫情通报、报告或者公布职责，或者隐瞒、谎报、缓报传染病 疫情的；

（二）发生或者可能发生传染病传播时未及时采取预防、控制措施的；

（三）未依法履行监督检查职责，或者发现违法行为不及时查处的；

（四）未及时调查、处理单位和个人对下级卫生行政部门不履行传染病防治职责的举报 的；

（五）违反本法的其他失职、渎职行为。

《传染病防治法》第六十八条规定：疾病预防控制机构违反本法规定，有下列情形之一 的，由县级以上人民政府卫生行政部门责令限期改正，通报批评，给予警告；对负有责任的 主管人员和其他直接责任人员，依法给予降级、撤职、开除的处分，并可以依法吊销有关责 任人员的执业证书；构成犯罪的，依法追究刑事责任：

（一）未依法履行传染病监测职责的；

（二）未依法履行传染病疫情报告、通报职责，或者隐瞒、谎报、缓报传染病疫情的；

（三）未主动收集传染病疫情信息，或者对传染病疫情信息和疫情报告未及时进行分析、调查、核实的；

（四）发现传染病疫情时，未依据职责及时采取本法规定的措施的；

（五）故意泄露传染病病人、病原携带者、疑似传染病病人、密切接触者涉及个人隐私 的有关信息、资料的。

《传染病防治法》第六十九条规定：医疗机构违反本法规定，有下列情形之一的，由县 级以上人民政府卫生行政部门责令改正，通报批评，给予警告；造成传染病传播、流行或者 其他严重后果的，对负有责任的主管人员和其他直接责任人员，依法给予降级、撤职、开除 的处分，并可以依法吊销有关责任人员的执业证书；构成犯罪的，依法追究刑事责任：

（一）未按照规定承担本单位的传染病预防、控制工作、医院感染控制任务和责任区域 内的传染病预防工作的；

（二）未按照规定报告传染病疫情，或者隐瞒、谎报、缓报传染病疫情的；

（三）发现传染病疫情时，未按照规定对传染病病人、疑似传染病病人提供医疗救护、现场救援、接诊、转诊的，或者拒绝接受转诊的；

（四）未按照规定对本单位内被传染病病原体污染的场所、物品以及医疗废物实施消毒 或者无害化处置的；

（五）未按照规定对医疗器械进行消毒，或者对按照规定一次使用的医疗器具未予销毁，再次使用的；

（六）在医疗救治过程中未按照规定保管医学记录资料的；

（七）故意泄露传染病病人、病原携带者、疑似传染病病人、密切接触者涉及个人隐私 的有关信息、资料的。

《传染病防治法》第七十条规定：采供血机构未按照规定报告传染病疫情，或者隐瞒、谎报、缓报传染病疫情，或者未执行国家有关规定，导致因输入血液引起经血液传播疾病发 生的，由县级以上人民政府卫生行政部门责令改正，通报批评，给予警告；造成传染病传播、流行或者其他严重后果的，对负有责任的主管人员和其他直接责任人员，依法给予降级、撤 职、开除的处分，并可以依法吊销采供血机构的执业许可证；构成犯罪的，依法追究刑事责 任。

《传染病防治法》第七十一条规定：国境卫生检疫机关、动物防疫机构未依法履行传染 病疫情通报职责的，由有关部门在各自职责范围内责令改正，通报批评；造成传染病传播、流行或者其他严重后果的，对负有责任的主管人员和其他直接责任人员，依法给予降级、撤 职、开除的处分；构成犯罪的，依法追究刑事责任。非法采集血液或者组织他人出卖血液的，由县级以上人民政府卫生行政部门予以取缔，没收违法所得，可以并处十万元以下的罚款；构成犯罪的，依法追究刑事责任。

《传染病防治法》第七十三条规定：违反本法规定，有下列情形之一，导致或者可能导 致传染病传播、流行的，由县级以上人民政府卫生行政部门责令限期改正，没收违法所得，可以并处五万元以下的罚款；已取得许可证的，原发证部门可以依法暂扣或者吊销许可证；构成犯罪的，依法追究刑事责任：

（一）饮用水供水单位供应的饮用水不符合国家卫生标准和卫生规范的；

（二）涉及饮用水卫生安全的产品不符合国家卫生标准和卫生规范的；

（三）用于传染病防治的消毒产品不符合国家卫生标准和卫生规范的；

（四）出售、运输疫区中被传染病病原体污染或者可能被传染病病原体污染的物品，未 进行消毒处理的；

（五）生物制品生产单位生产的血液制品不符合国家质量标准的。

《传染病防治法》第七十四条规定：违反本法规定，有下列情形之一的，由县级以上地 方人民政府卫生行政部门责令改正，通报批评，给予警告，已取得许可证的，可以依法暂扣 或者吊销许可证；造成传染病传播、流行以及其他严重后果的，对负有责任的主管人员和其 他直接责任人员，依法给予降级、撤职、开除的处分，并可以依法吊销有关责任人员的执业 证书；构成犯罪的，依法追究刑事责任：

（一）疾病预防控制机构、医疗机构和从事病原微生物实验的单位，不符合国家规定的 条件和技术标准，对传染病病原体样本未按照规定进行严格管理，造成实验室感染和病原微 生物扩散的；

（二）违反国家有关规定，采集、保藏、携带、运输和使用传染病菌种、毒种和传染病 检测样本的；

（三）疾病预防控制机构、医疗机构未执行国家有关规定，导致因输入血液、使用血液 制品引起经血液传播疾病发生的。

《传染病防治法》第七十五条规定：未经检疫出售、运输与人畜共患传染病有关的野生 动物、家畜家禽的，由县级以上地方人民政府畜牧兽医行政部门责令停止违法行为，并依法 给予行政处罚。

《传染病防治法》第七十七条规定：单位和个人违反本法规定，导致传染病传播、流行，给他人人身、财产造成损害的，应当依法承担民事责任。

二、公共卫生法

（一）定义与核心价值

公共卫生法是法学的一个分支学科，它探讨普通法与成文法在卫生原理与卫生科学中的应用。研究内容包括：政府为确保人们享有健康生活（包括识别、预防与降低人群的健康风险）的条件应拥有哪些权力、承担哪些职责；政府为公共利益而限制个人自治、隐私、自由、所有权以及其他合法权益时，其权力应受到何种限制。公共卫生法的首要目标是：秉持社会正义价值观，追求最高水平的群体的身心健康。

（二）公共卫生法体系

公共卫生法作为卫生法的一个分支，有自己的框架。广义上讲，公共卫生法可以分为以下四个子系统。

（1）健康促进法，调整和规范为保持和促进个人健康状况而形成的法律关系，既包括政府和相关部门为保护个人健康而提供的关于健康促进、医疗保健和健康生活方式指导的法律规范，也包括规范个人在自身健康方面的权利和义务的规范。由于维护和改善个人健康的责任在于个人，公共权只能指导而不能强制，所以这方面的法律规定大多是选择性的，只有通过教育、建议和鼓励才能达到改善个人健康的目的。但是，在这一领域，根据国家法律规定，“公民是自己健康的第一责任人”，他们必须“建立和实践对自身身体健康责任的卫生管理理念”。然而，在发生公共卫生紧急情况时，可以引入某些强制性规定，如在公共场所使用口罩以及在家中隔离治疗等。健康促进法包括：健康生活方式、健康促进和教育、健康和健身运动以及健康管理。

（2）健康环境法，规定了与维护和改善公共环境健康有关的法律关系，包括公共卫生、公共场所的烟草控制、生活环境的改善、垃圾分类、水和厕所的分流等内容。这一领域的法律标准包括广泛的强制性和自愿性标准。当然，无论是强制性标准还是自愿性标准的制定和实施，都与一个社会和文明的发展水平以及公民的素质密切相关，并取决于某种社会共识的形成。健康环境法包括：公共卫生环境、公共场所抽烟、垃圾废物处理、改水改厕居住环境。

（3）突发公共卫生事件应对（主要是传染病防治法），规定了处理一系列公共卫生突发事件的法律关系与具体规定，重点包括了传染病的防治和管理、重大食源性公共卫生事故的处置、灾后健康的预防与管理、预防制度、救治体制、医学资源储备、政府融资与支持等方面的内容。突发公共卫生事件和重大传染病防治法分为：应急预案演练、全周期应急机制、食源性疾病、传染病防治、灾后疾病防控。

（4）其他疾病防治和保健法，调节和规范在特殊人群（如妇幼、老年人、残疾人等）健康保护、职业病防治、疫苗注射等活动中所产生的法律关系，涉及大量规范政府部门工作内容和有关特殊人群基本卫生权益的立法规定。

由于传染病疫情往往令人猝不及防，社会危害巨大，对国家治理体系构成严重挑战和威胁，所以成为公共卫生法领域中备受关注的领域。我们正在经历的新冠肺炎疫情，公众提交了许多修订《传染病防治法》和《突发事件应对法》的意见，以弥补新冠肺炎疫情暴发后凸显的不足和漏洞，全国人大已将这些建议纳入未来两年的修法计划。但是我们应当认识到：预防和控制传染病的暴发是紧急情况下的法律和秩序状态，这与正常情况下的法律和秩序状态没有区别。例如，在应对传染病疫情暴发时，如何在基层预检、定向转诊大量具有传染性的病人，就与常态下的基层首诊、双向转诊制度密切相连。同时，应采用整体方法和系统思维，把传染病防治法纳入整个公共卫生法的大体系之中进行顶层设计，而非仅仅聚焦在一部单行法律上。

（三）公共卫生法的基本原则

我国公共卫生法的基本原则包括政府主导、社会参与、预防为主、防治结合、个人负责、健康促进等。公共卫生服务是我国每个公民都可以享受的公共产品，我国法律规定“基本公共卫生服务由国家免费提供”。由于公共卫生服务以保障所有人的健康为宗旨，因此从本质属性上讲，公共卫生设施的建设、经费的筹集和服务的提供都不可能由市场主体来唱主角，而必须由政府来担纲领衔。从公共场所禁烟、社区健身器材建设、健康生活模式推广，到免疫规划实施、传染病防治和突发公共卫生事件应急，都需要政府的引导和组织，而市场和私人机构则不能承担起这些责任。在这方面，世界各国都非常相似，无论其社会制度如何。正是基于这一社会现实，各国公共卫生法都把政府的主导责任作为基本原则。政府在应对公共卫生突发事件中的作用得到了集中强调。然而，国家主导并不意味着政府单独作战，必须让所有医疗机构、社会组织和个人参与进来。我国历来有爱国卫生运动的传统，而卫生城市和社区的广泛建设也是社会参与的表现。在近几年的新冠肺炎疫情防控中，假如缺乏交通部门、餐饮业、各个单位主管部门、社区和志愿者等的积极参与，“动态清零”就不可能做到，群防群治的效果也就不可能实现。所以，公民参与也是公共卫生政策的基本原则，还是动员尽可能多的公众和建立社会共识的有效工具。个人负责是公共卫生领域的基本规律，也是公立卫生法的基本原则之一。如前所述，个人卫生、饮酒、吸烟和不运动等习惯是基于个人自愿选择的权利，只要这些权利不侵犯他人的权利，不危害公共健康，并且是在不违反法律的情况下行使的，法律就不能干涉或限制他们，而只能指导、告知和限制他们。因此，根据法律，个人对自己的健康负有主要责任。公共卫生服务在很大程度上是建立在大健康理念上对疾病的预防和控制。大健康理念是对以治病为中心的传统健康理念的更新。简单而言，它不仅关注疾病的治疗，而且更关注疾病的预防与控制。就如同一条河流的治理，如果仅仅关心下游污染的治理，而不在上游和中游预防和控制污染，下游的污染就不会根本消除，对河流污染的治理也就事半功倍，永无终日。因此，健康服务必须包括全生命周期的健康保障，不仅要关心治病，更要关心防病和日常保健。我国长期以来“上医治未病”的说法就是这种以“健康为中心”理念的最好表述。因此，“预防为主”“防治结合”是公共卫生法当之无愧的基本原则之一。

三、食品安全法

（一）食品安全的定义

食以安为先，食品安全关系民众的切身利益。《中华人民共和国食品安全法》（下称《食品安全法》）第一百五十条中对“食品安全”的定义为：食品无毒、无害，符合应当有的营养要求，对人体健康不造成任何急性、亚急性或者慢性危害。其概念中的“营养要求”，规定于各类食物的标准以及有关普通食物的各省、自治区、直辖市政府食品卫生主管部门颁布的地方规范当中。对于特色食品的规范，按照《食品安全法》的规定，特色食品不构成地域特产，所以只适合国标，无法为特色食品颁布地方规范。此外，《食品安全法》第三十八条规定，生产经营的食品中不得添加药品，但可以添加按照传统既是食品又是中药材的物质。

（二）食品安全的标准

食品安全标准是食品生产者和经营者在生产和经营活动中，除法律和法规外还应遵守的强制性标准。我国的食品安全规范主要可以包括三种：国家标准、地方标准和企业标准。其中，国家标准（以下简称“国标”或者“GB”）的规范内容，由国务院政府交通主管部门会同国家国务院市场监管行政部门统一制定、发布。地方标准是指针对没有形成标准的地区特色食品，由各省、自治区、直辖市人民政府的卫生主管部门提出，并发布国家食品安全地区标准后报国务院的卫生主管部门审批。而企业标准则是指，在我国鼓励食物生产商制定比国家或者地区标准更规范的标准，在自己的工作场所内执行，并向各省、自治区、直辖市政府卫生厅通报，进行登记。需要注意的是，保健食品、特殊医学用途配方食品、婴幼儿配方食品等特殊食品不属于地方特色食品，不得对其制定食品安全地方标准。

截至 2019 年 8 月，国家卫生健康委员会食品安全标准与监测评估司发布了 1263 项食品安全国家标准目录，新的食品安全标准计划逐步出台。在食品安全国家标准目录中我们能够看到，食品安全国家标准可包括如下几种：通用标准、食品产品标准、特殊膳食食品标准、食品添加剂质量规格及相关标准、食品营养强化剂质量规格标准、食品相关产品标准等。

（三）食品安全法律责任

食品安全监督管理法律责任，按照所触犯的法律法规性质和社会危害性程度的不同，区分为行政法律责任、民事法律责任和刑事法律责任。

行政法律责任，是由行政法主体（包含行政部门管理主体和行政部门管理相对人）因侵犯行政部门法权利，或者说侵犯行政部门法义务所产生的，或是由国家行政机构和人民法院确定的归结与政府法定相关的有责主体的、具有直接强制性的法律义务。在食品安全领域，政府责任主要依其行为目的的惩戒程度、行为违法的准确性，以及其所适用主体的行政管理特性，成为承担食品安全法律责任中最为常见的类别。在我国食品安全监管领域，行政部门执法检查的主体类型分为警示、处罚、没收不法取得、查封不法财产、责令停止毁于一旦、暂扣或撤销证照、暂扣或撤销营业执照，以及相关法律所规定的其余行政部门执法检查方式等。

民事法律责任，是自然人、法人和其他民法主体对违反合同、违反其他民事义务，或侵犯国家或集体财产，或侵犯他人人身和财产权利所承担的法律责任，其法律后果必须依法执行。食品的生产商和经营者，不论是独资、有限责任企业或者公共有限责任企业，均可以用自己的名义行事，实施自己的经营活动和法律行为，有权依法自主适用民事权利并履行民事责任义务，也因此能够依法自主承担民事责任。民事法律责任，是因民事主体触犯了如《中华人民共和国民法典》等民事法律制度而负有的民事责任，其主要内容是财产，分为不同的类别：履行合同、偿还和补偿、连带责任、金钱和非金钱责任、违约和侵权等。

刑事法律责任，是指犯罪行为市场主体在进行了我国刑法规定禁止的活动以后所应当承受的刑罚后果，对行为人刑事犯罪形成了客观条件的，也就应当承担刑事负责，并受到法律惩罚。刑事案件的所有种类中，一般都有分别规定的主刑：监管、拘役、有期徒刑、无期徒刑和死罪；也可能附有适当的附带刑：罚金、剥夺政治权利、没收个人财产。

（四）我国食品安全法律体系

对于“法律体系”一词来说，除我国政府所承认并参与的有关国际条约以外，我国立法体系一般以《中华人民共和国立法法》为基准，其效力从高至低是：根本法、基本法、普通法、政府条例、地方法律和政府法规。《宪法》是我国第一大法，具有最高权威性，然后是全国人民代表大会或全国人民代表大会常务委员会颁布的法律法规，到国务院审查授权的主要行政部门立法，再到各部委颁布的部门规章，还有各省级政府颁布的地方条例，与自治州、地级市政府颁布的地方性条例，最后是省、自治州、地级市政府颁布的地方性条例。当地方性条例、规章等具有同等效力的法律规定相抵触时，由主管机关根据《中华人民共和国立法法》第八十六条规定，按照下列权限作出决定：

部门规章签署公布后，及时在国务院公报或者部门公报和中国政府法制信息网以及在全国范围内发行的报纸上刊载。

地方政府规章签署公布后，及时在本级人民政府公报和中国政府法制信息网以及在本行政区域范围内发行的报纸上刊载。

在国务院公布或者部门公报和地方人民政府公报上刊登的规章文本为标准文本。

在了解我国法律体系、效力位阶问题后，食品作为一个专门的领域，为保障食品从生产源头到销售终端整个产业链的安全管理，国家针对食品领域在不同效力层级出台了大量的法律规范，其中，国务院及具有食品管理职责的国家部委出台的行政法规、部门规章的数量占食品领域全部法律规范的比例高达 80%。这意味着食品安全领域的行政监管难度大、问题多，也意味着食品生产、经营者需要有更强的合规能力来保障各环节合法合规。因此，我们将食品这一专门领域，按照如下方式划分：结合生产经营中特殊领域、重要环节，以生产经营的产业链流程划分为原则，例如食品召回、广告、进出口等。

四、环境保护法

《中华人民共和国环境保护法》（下称《环境保护法》）是为保护和改善环境，预防和遏制环境污染以及其他影响社会的因素，保障公民身体健康，推动国家建设环境友好型文明社会和经济可持续发展而通过的国家法规。

（一）主要内容

（1）介绍了建设生态文明和可持续发展的概念。显然，应促进生态文明的建设和经济社会的可持续发展，经济社会发展应与环境保护相结合。这完全符合环境保护的新概念。

（2）明确了保护环境的基本国策和基本原则。强化环境保护的战略地位，增加规定“保护环境是国家的基本国策”，并明确“环境保护坚持保护优先、预防为主、综合治理、公众参与、污染者担责的原则”。

（3）完善了环境管理基本制度。

①完善了环境监测制度。《环境保护法》第十七条第二款规定：有关行业、专业等各类环境质量监测站（点）的设置应当符合法律法规规定和监测规范的要求。第三款规定：监察机构应当使用符合国家标准的监测设备，遵守监测规范。监测机构及其负责人对监测数据的真实性和准确性负责。

②完善了环境影响评价制度。强化了在批准前违法施工的法律责任，规定没有经过环境评价的建设项目禁止开工，并对《环境保护法》第十九条做了补充，规定“未依法进行环境影响评价的建设项目，不得开工建设”。同时第六十一条规定了有关的法律责任：建设单位未依法提交建设项目环境影响评价文件或环境影响评价文件未经批准，擅自开工建设的，由负有环境保护监督管理职责的部门责令停止建设，处以罚款，并可以责令恢复原状。

③健全了全国环境污染治理的同步机制和重点污染物排放制度，以及区域限制制度和数量监控制度。

④增加了关于生态红线的规定。《环境保护法》第二十九条第一款规定：国家在重点生态功能区、生态环境敏感区和脆弱区等区域划定生态保护红线，实行严格保护。

（4）突出强调政府监督管理责任。《环境保护法》强调了政府的责任、监督和法律责任，加强了地方政府对环境质量的责任，还规定了环境目标的责任制度、评价和评估制度，以及上级机关和主管部门对下级机关或工作人员的工作进行监督的责任。它使各级地方政府对其行政区域内的环境质量负责，并要求地方政府协调经济发展和环境保护的关系。要求县级以上政府把环保目标的实现状况，作为评估和考察本级政府环保主管部门及其负责人、下级政府及其负责人的重要依据。

（5）设信息公开和公众参与专章（第五章）。本章还规范了环保信息发布方式和公众参与度，以提高公众对公共组织和排污单位的有效监管。

（6）规定了公民在环境领域的权利和义务。该法规定公众应当严格遵守环保规章制度，配合采取环保措施，根据规范分类处置生活废弃物，并在工作中尽量减少对环境的损害。

（7）强化主管部门和相关部门的责任。这包括编制本行政区域的环境保护计划、制定环境质量和排放标准、现场检查、扣押和没收等。

（8）加强企业、机构和其他生产利益相关者的环境保护责任。实施清洁生产，减少污染和环境危害，遵守排放标准和排放总量，安装和使用监测设备，建立环境保护制度，缴纳排污税，制定生态事故应急预案。

（9）环境经济政策得到完善，污染责任保险得到推广。

（10）农村地区的环境保护得到加强。

（二）法律责任

在大环境法律的执行中，对违法的单位或个人，按照其违法活动的性质、社会危险后果，以及客观性原因的不同，追究司法责任，分别予以刑事、行政、民事责任三种不同的法律制裁。

刑事责任：应承担刑事责任的，一般是指具有故意或过失的严重危害环境的行为，并造成公共财产或人身死亡的严重损失，已构成犯罪，应受到法律的制裁。构成危害环境罪需具备三个条件：第一，行为人主观上有犯罪的故意和过失；第二，行为具有严重的社会危害性；第三，该行为违反刑法，应受到处罚。

行政责任：违反行政法规造成一定的环境损害或其他损失，但未构成犯罪的，属于行政违法行为，应负行政责任。构成行政违法行为并承担行政责任需具备两个条件：第一，行为人主观上要有故意和过失；第二，有违反行政法规的行为。例如，违反操作规程造成事故性污染事件；违反森林、文物保护、自然保护法等法规，但尚未构成犯罪的行为等。

民事责任：公民或法人因过失或无过失排放污染物或其他损害环境的行为，而造成环境污染、被害者损失或财产损失时，要承担民事责任。构成民事责任需具备四个条件：第一，有损害行为或其他民事违法行为的存在；第二，造成了财产权利和人身权利的损害后果；第三，致害行为与损害结果之间有因果关系；第四，行为人有过失或无过失损害环境的行为。民事责任可以单独使用，也可以同其他法律责任合并使用。

五、动物防疫法

（一）主要内容

《中华人民共和国动物防疫法》（下称《动物防疫法》），是为强化政府对动物防疫措施的监督管理，有效防止、控制、消灭和处理动物疫情，推动畜牧业健康发展，防止和遏制人畜共患感染，保障国家公共卫生安全和人民身体健康而颁布的国家法规。

2021 年 1 月 22 日，十三届全国人大常委会第二十五次会议表决通过了最新修改的《动物防疫法》，规定本法将自 2021 年 5 月 1 日起施行。该法根据动物疫病对养殖业生产和人体健康的危害程度，将动物疫病分为三类：

一类疫病，是指口蹄疫、非洲猪瘟、高致病性禽流感等对人、动物构成特别严重危害，可能造成重大经济损失和社会影响，需要采取紧急、严厉的强制预防、控制等措施的；

二类疫病，是指狂犬病、布鲁氏菌病、草鱼出血病等对人、动物构成严重危害，可能造成较大经济损失和社会影响，需要采取严格预防、控制等措施的；

三类疫病，指大肠杆菌病、禽结核病、鳖腮腺炎病等常见多发，对人、动物构成危害，可能造成一定程度的经济损失和社会影响，需要及时预防、控制的。

为了确保有效预防动物疾病，该法第十六条第一款规定：国家对严重危害养殖业生产和人体健康的动物疫病实行强制免疫。第十七条第一款规定：饲养动物的单位和个人应当履行动物疫病强制免疫义务。野生动物疫病预防和控制之间的联系很重要，缺乏适当的检疫标准是目前野生动物疫病预防和控制中的一个弱点。因此，根据立法的规定，国务院农业农村部有关部门必须与国务院野生动物保护主管部门协同，出台野生动物检疫措施。

法律还规定，研究、医疗、展览以及非食品以外的其他特殊情况所需的野生动物，应当按照国家有关规定通知动物卫生部门进行检疫，并在通过检疫后方可使用。人工捕捉的野生动物应按照国家有关规定通知动物卫生部门进行检疫，只有通过检疫后才能饲养、处理和运输。

此外，法律还明确了病死动物和病害动物产品的无害化处理，规定了可参加执业兽医资格考试的人员范围，并鼓励和支持执业兽医、乡村兽医和动物诊疗机构等开展动物防疫、提供防疫服务。

（二）法律责任

《动物防疫法》第八十八条规定：县级以上人民政府农业农村主管部门及其工作人员违 反本法规定，有下列行为之一的，由本级人民政府责令改正，通报批评；对直接负责的主管 人员和其他直接责任人员依法给予处分：

（一）未及时采取预防、控制、扑灭等措施的；

（二）对不符合条件的颁发动物防疫条件合格证、动物诊疗许可证，或者对符合条件的 拒不颁发动物防疫条件合格证、动物诊疗许可证的；

（三）从事与动物防疫有关的经营性活动，或者违法收取费用的；

（四）其他未依照本法规定履行职责的行为。

《动物防疫法》第八十九条规定：动物卫生监督机构及其工作人员

违反本法规定，有下列行为之一的，由本级人民政府或者农业农村主管部门责令改正，通报批评；对直接负责的主管人员和其他直接责任人员依法给予处分：

（一）对未经检疫或者检疫不合格的动物、动物产品出具检疫证明、加施检疫标志，或者对检疫合格的动物、动物产品拒不出具检疫证明、加施检疫标志的；

（二）对附有检疫证明、检疫标志的动物、动物产品重复检疫的；

（三）从事与动物防疫有关的经营性活动，或者违法收取费用的；

（四）其他未依照本法规定履行职责的行为。

《动物防疫法》第九十条规定：动物疫病预防控制机构及其工作人员违反本法规定，有下列行为之一的，由本级人民政府或者农业农村主管部门责令改正，通报批评；对直接负责的主管人员和其他直接责任人员依法给予处分：

（一）未履行动物疫病监测、检测、评估职责或者伪造监测、检测、评估结果的；

（二）发生动物疫情时未及时进行诊断、调查的；

（三）接到染疫或者疑似染疫报告后，未及时按照国家规定采取措施、上报的；

（四）其他未依照本法规定履行职责的行为。

《动物防疫法》第九十二条规定：违反本法规定，有下列行为之一的，由县级以上地方人民政府农业农村主管部门责令限期改正，可以处一千元以下罚款；逾期不改正的，处一千元以上五千元以下罚款，由县级以上地方人民政府农业农村主管部门委托动物诊疗机构、无害化处理场所等代为处理，所需费用由违法行为人承担：

（一）对饲养的动物未按照动物疫病强制免疫计划或者免疫技术规范实施免疫接种的；

（二）对饲养的种用、乳用动物未按照国务院农业农村主管部门的要求定期开展疫病检 测，或者经检测不合格而未按照规定处理的；

（三）对饲养的犬只未按照规定定期进行狂犬病免疫接种的；

（四）动物、动物产品的运载工具在装载前和卸载后未按照规定及时清洗、消毒的。

六、生物安全法

（一）主要内容

2021 年 4 月 15 日实施的《中华人民共和国生物安全法》（下称《生物安全法》）是一部为了维护国家安全，防范和应对生物安全风险，保障人民生命健康，保护生物资源和生态环境，促使生物技术健康发展，推动构建人类命运共同体，实现人与自然和谐共生的法律法规。

《生物安全法》的制定健全了我国生物安全法制体制，进一步健全了我国安全法制体制，从法律层面筑牢了国家生物安全防线。近几年新冠肺炎疫情对于推进疫苗接种技术与实验室研究，以及筑牢人、畜、物与自然环境之间的交互安全网，需要以《生物安全法》为保障与基础，构建更为合理、严格的防治体制，以充分发挥其成为当前中国生态安全领域的首部系统化、综合性、基础性、高支撑性法规的功效。

既要健全国家安全法制体系，又要落实总体国家安全观，实施国家安全战略，因此《生物安全法》配套法律法规的完善是筑牢生物安全防线的必然路径。

第一，《生物安全法》现有法律条文多为现行做法和规范的融汇与整理，而适用于相对复杂和特定的高风险场所的具体规范不多，只做了兜底性规定，仍需从国家—省—机构—人员等不同层面探索标准体系建立的主体、流程和详细规范。第二，《生物安全法》的颁布标志着生物安全防控体系在我国初步建立，但与建立全链条、多层次、立体化的严密风险防控网的目标相比，还需对各层次、各环节、各主体进行制度建设和制度保障。第二，《生物安全法》及相关的立法实施过程在一定程度上会导致有关法律法规在规制的主体、对象、内容和手段等方面的重叠和交叉。因此，一是要做好《生物安全法》与我国缔结的国际公约的衔接；二是要做好《生物安全法》与相关法律法规和制度的衔接；三是要做好生物安全的各层级之间的执法的衔接以及协同联动工作，把“联防联控”“共建共治共享”的理念体现在全过程中，以解决我国行政管理实践中的“既条块分割又条块交叉”带来的执行困境，使《生物安全法》免于“行走在半空”。第三，科研国际合作“卡脖子”问题亟须《生物安全法》的配套指引。一方面要鼓励科研机构以合作交流的契约形式将国外先进的法律法规、标准和生物安全管理先进经验等与国内法律法规进行对接，另一方面也要把我国在需求和发展过程中形成的标准、制度及管理体系向国际推广，提升我国在全球生物安全治理领域的话语权，为科技工作者用爱国情怀、学术造诣和科学视角发出中国声音提供制度规范和制度激励。

为有机地衔接“两个一百年”奋斗目标，越是接近“2035 年基本实现社会主义现代化远景目标”，就越是要强化民族忧患意识，保证国家主权、安全、发展利益的主动权掌握在自己手中。因此，要从保障我国总体安全的高度入手，构建精准应急防范感知系统，增强国家管理能力，推动我国防治系统在生态安全与医药卫生健康科技领域的现代化。

（二）法律责任

《生物安全法》第七十三条规定：违反本法规定，医疗机构、专业机构或者其工作人员瞒报、谎报、缓报、漏报，授意他人瞒报、谎报、缓报，或者阻碍他人报告传染病、动植物疫病或者不明原因的聚集性疾病的，由县级以上人民政府有关部门责令改正，给予警告；对法定代表人、主要负责人、直接负责的主管人员和其他直接责任人员，依法给予处分，并可以依法暂停一定期限的执业活动直至吊销相关执业证书。

《生物安全法》第七十六条规定：违反本法规定，从事病原微生物实验活动未在相应等级的实验室进行，或者高等级病原微生物实验室未经批准从事高致病性、疑似高致病性病原微生物实验活动的，由县级以上地方人民政府卫生健康、农业农村主管部门根据职责分工，责令停止违法行为，监督其将用于实验活动的病原微生物销毁或者送交保藏机构，给予警告；造成传染病传播、流行或者其他严重后果的，对法定代表人、主要负责人、直接负责的主管人员和其他直接责任人员依法给予撤职、开除处分。

《生物安全法》第七十八条规定：违反本法规定，有下列行为之一的，由县级以上人民政府有关部门根据职责分工，责令改正，没收违法所得，给予警告，可以并处十万元以上一百万元以下的罚款：

（一）购买或者引进列入管控清单的重要设备、特殊生物因子未进行登记，或者未报国务院有关部门备案；

（二）个人购买或者持有列入管控清单的重要设备或者特殊生物因子；

（三）个人设立病原微生物实验室或者从事病原微生物实验活动；

（四）未经实验室负责人批准进入高等级病原微生物实验室。

七、健康融入所有政策

“将健康融入所有政策（Health in All Policies，HiAP）”是2013年6月由世界卫生组织举办的第八届全球健康促进大会的主题。大会上发表的《世界医学协会赫尔辛基宣言》将HiAP定义为一种以改善人群健康和健康公平为目标的公共政策制定方法，它系统地考虑这些公共政策可能带来的健康后果，寻求部门间协作，避免政策对健康造成不利影响。

为了加快将健康纳入所有政策，需要引入“大卫生”“大健康”理念，增强全生命周期健康管理理念，通过完善各方面政策，充分保护公民的健康促进，平等获得初级保健和健康服务、健康信息和急救的权利，以促进健康和福祉，将重点从治疗疾病转向人民健康，并以全面地、多周期地维护人民健康为目标。

加快将健康融入所有政策，意味着各级党委、政府应当把人民健康放在优先发展的战略地位，将健康理念融入各项政策及其制定过程，不仅是财政、税收、教育、卫生、科技等方面的具体政策，还包括经济、社会、文化、生态、政治、外交等方面的宏观政策，整个公共政策体系都要增加健康意识。各部门各行业要加强沟通协作，形成促进健康的合力，真正普及健康生活、优化健康服务、完善健康保障、建设健康环境、发展健康产业。

加快将健康融入所有政策，有必要加大对健康常识的宣传，把健康教育融入国民教育体系中，形成健康常识与技能等相关资讯的传播体系，构建并推行健康因素评价机制，把公众基础健康指数的改善情况列入政府目标责任考评，系统评价政府各项经济增长计划、政策措施以及重大科技项目的健康效应，形成政府主导、部门协调、全社会积极参与的健康素质，促进长效机制和工作体系，以提升我国城乡居民的健康素质。

“将健康融入所有政策”对于我国并非全新事物，在应对新冠肺炎疫情、SARS、艾滋病防控、烟草控制、慢性病防控、爱国卫生运动等工作中，与其相关的理念、策略和措施都得以充分体现。但是，和很多系统全面落实 HiAP 理念的发达国家和地方政府一样，我国在这一领域还处在起步阶段，相应的研究、实施渠道和人才储备都比较薄弱。《“健康中国 2030”规划纲要》的发布和实施是落实 HiAP 原则的一个良好契机。在借鉴国际经验的基础上，中国应积极寻求适合国情的应用方式。

第一，要加强领导机构和跨部门协调机制的建立。建议中央政府成立高层的跨部门领导机构，可在“国务院医改领导小组”基础上扩大职能，将健康相关职能纳入该领导小组，并加强对相关部门的领导与协调工作。各地区也应建立相应的组织领导机构，通过部门联席会议，建立联合执行机构等机制强化部门协作。

第二，以现有规划、政策和项目为载体，充分落实“将健康融入所有政策”。在《“健康中国 2030”规划纲要》颁布和实施之后，应抓住机会推动各地区制定区域卫生规划。规划过程将广泛运用 HiAP 概念，来剖析危害身体健康的原因，并评估健康需求与优先问题，建立系统的健康解决方案，以增进部门协作。充分利用现有的健康城市、卫生城市、慢性病综合防治示范区以及全民健康素养促进行动等健康行动，在实施中注重加强 HiAP 的机制建设。定期对各地在建立 HiAP 机制方面的最佳实践进行展示和交流，推动全国范围内的组织、机构和政府职能改革。

第三，应建立一个全面的健康影响评估和评价系统，以 HiAP 作为总指导。应指定一个政府部门或第三方社会部门组织作为健康影响评估和分析的牵头机构。应建立由全国健康、环保、地方行政、交通运输、公共事务、健康教育等有关领域的专家与学者组成的我国健康影响评价专家委员会，以建立适应中国国情的健康指数评估标准与评价框架和工具，并不断完善健康评价系统。完善国家健康因素评估评价体系的立法工作，完善其法律约束力，确保有效实施。

第四，建立必要的监测评估和问责机制。在人口健康证据的基础上监控和评价 HiAP 的执行成效，是更好地推动政府执行政策的渠道。所以，来自各个有关政府部门的人口健康数据应该被集成，并形成一个共享的基线信息库。我们需要广泛使用网络、大数据分析以及其他信息获取工具，形成一种动态的监控与评价体系和评价与问责制度，将人口健康数据纳入各个部门与地区政府部门的绩效评估体系。

第五，需要大力加强能力建设。虽然公民的健康最终是整个政府的责任，但各级卫生部门在促进 HiAP 方面可以发挥关键作用。加强卫生部门的执行能力，特别是数据收集、政策分析和政策宣传方面，是至关重要的。应加强对公共卫生管理人员、公共卫生工作者、健康促进和健康教育以及卫生政策研究人员的培训，使他们具备更高的政策分析、研究和宣传技能水平。加强研究与发展健康评估方法与评价工具。注重让新闻媒体、社会组织、第三方机构和相关人士积极参与政府探讨、监督与评价，并增强他们积极参与政府决定的意识。

八、“全健康”理念下的相关政策

“全健康”作为系统学习和研究人类、动物和环境健康的新战略、新方法和新学科，包含了多种多样的、跨学科的、仍在快速发展的领域，但其核心是以个人健康为基础的人、动物群体和生态系统的健康。近年来，“全健康”理念在公共卫生和动物卫生界逐渐受到了高度重视。到目前为止，许多国家已将“全健康”理念积极应用到健康治理中，而卫生政策的支持是促进“全健康”治理启动和顺利实施的基本条件之一。国外已开展了许多“全健康”理念下的卫生政策研究，不仅针对不同国家和地区，对相应的卫生问题提出卫生政策倡议，还对“全健康”理念的卫生政策实施的困难与挑战进行了分析，致力将“全健康”理念纳入卫生政策并确保其能有效实施。

“全健康”研究在中国起步较晚，但已被逐渐认可，接受程度也大幅提升。目前，许多中国科学家已经开始应用这一概念，针对兽医、环境、人畜共患病、传染病和公共卫生等方面开展综合研究。

近年来，在联合国多个机构的共同努力下，“全健康”理念在公共卫生和动物卫生界得到了越来越多的认可。“全健康”作为一个新兴的研究领域，针对人—动物—环境层面的交叉点、难点与盲点，亟须在整体、系统思维的基础上，研究卫生政策治理范式，而三者层面研究不能有任何偏废，特别对环境相关层面上的研究应给予强化与支持。对于我国“全健康”研究领域，更不能仅仅停留在对“全健康”理念概念层面的研究，而应积极推行在全健康理念的基础上，将其融入卫生政策的制定与实施的各个环节和过程中，从而为“全健康”体系的发展提供政策与法律的保障，进一步倡导建立更加智能化、国际化、多学科及跨部门的合作伙伴关系，促进全球健康问题的解决。

第四章

国外“全健康”实践的借鉴

一、国外应对突发公共卫生事件的经验借鉴

（一）美国、日本应对突发公共卫生事件的经验借鉴

在突发公共卫生事故紧急处置系统中，美国、日本在机构设置、职责分配、部门配合、资源保障等方面掌握了宝贵的成功经验。美国“联邦—州—地方”的纵向组织模式，完善的法律保障，以联邦应急管理署（FEMA）、美国疾病控制与预防中心（CDC）为核心的运作机制等构建了全方位、立体化、灵活的综合性应急体系。日本同样依靠完善的法律保障及组织模式，以厚生劳动省为核心，社会参与的运作机制等形成了系统、法制、全民的综合性应急体系。笔者在梳理美国、日本应对突发公共卫生事件的经验的同时，认识到我国现有的应急体系仍有以下可借鉴提升的方面。

第一，建立疾病动态监控和异常预警系统。美国的全国公共卫生信息联络系统对突发卫生事件的全面监测与及时预警有重要作用，日本以预防观念为核心的应急处置体系从源头上减少了人为突发卫生事件的发生。同外国比较成熟的疫情监测与预警体系比较，我国的应急处置体系

在初期的监测与预警工作方面仍有较多欠缺，严重阻碍了对突发性传染病的“早发现、早防控、早治疗”。

第二，健全应急制度体系及资源保障齐备。美国、日本高度重视应急制度体系的建设，已经建立了一个比较完备的紧急处理法制系统，并且在此基础上还注入了足够的人力、物力、财力，以保障工作的顺利开展。另外，值得一提的是，在美国紧急物品快速反应体系下，其紧急物品的储存和发放等管理工作也开展得非常成功。比较而言，由于我国在这方面的专业立法起步相对较晚，还没有综合性的紧急预案。

第三，确定应急机构的职责界限。美国新的三级应急组织结构和日本的三级应急组织结构都明确了各级应急机构的职能界限，各级机构相互制约、相互协作，确保应急工作的顺利运转。虽然我国政府在新冠肺炎疫情管控中都承担了领导的重要角色，但还是面临着各机关间职责边界不清等问题，并且一些地区政府部门的独立性不高，在整个流程中也表现得十分被动，严重阻碍了紧急管理工作准确、有效地实施。

第四，转换单一灾种的处置模式，畅通各机构之间综合协调通道。美国、日本也开始由原来的单个灾种、分机构管理发展为综合性紧急管理，即由一个综合机构负责处理整个突发状况和下属组织的协调管理工作。但由于当前我国仍采取单一灾种、分部门负责的紧急处理模式，各机构、各部门间的协作联系缺乏、相互补位与合作机制并不顺畅。在早期，疾控的检查工作和医疗人员的收治间仍存在一定间隙，这种间隙给交叉感染提供了机会。

第五，加大了应急处理的组织主体和群众宣教力量。与美国、日本较为全面的公众宣教比较，我国公民的危机教育有待提高。同时，建立健全的突发公共卫生事故应急处理机制对于降低人员伤亡与损失、维持社会安定等方面有着巨大的意义。

（二）澳大利亚应对突发公共卫生事件的经验借鉴

虽然我国在行政体制上与澳大利亚有着明显的区别，卫生体系的发展道路也有所不同，但是在“完善体制机制以提升应对突发公共卫生事件能力”这一要求下，我国仍值得借鉴澳大利亚在建设突发公共卫生事件应对体系方面的部分实践经验。

第一，在各级政府常设突发公共卫生事件决策指挥部门。我国于2018年4月16日开始组建应急管理部，其职责为处理常见的突发公共事件，职能重点涉及“建立灾情报告系统并统一发布灾情，统筹应急力量建设和物资储备并在救灾时统一调度，组织灾害救助体系建设”，而应急管理机构的主要职能范围又涵盖了火灾、地震、安全生产以及汛情、旱情等，因此也同时设置了相对应的常设议事组织机构和管理各项工作。另外，在澳洲的突发性公共卫生事件处理系统中常设有统一的决策指导机关，如澳大利亚卫生保护委员会。这一点值得我们思考和借鉴。

第二，进一步完善突发公共卫生事件应对的相关法律法规。关于突发公共卫生事件，我国目前仅有两部法律条例，即《传染病防治法》和《突发公共卫生事件应急条例》，因此国家对突发公共卫生事件及其应对与管理流程中所有职能的法制保护力量有限。在国外的通行方式是通过立法来保证突发性公共卫生事件处理的各项措施顺利进行，以及在特殊情形下赋予有关职能机关相应的执法权限。如澳大利亚具备较为完善的法律体系，通过《检疫法》《澳大利亚危机管理法》和《国家卫生安全法》三项法律保障对国家突发公共卫生事件的有效处理。所以，逐步健全与之相关的立法体系是为国家突发公共卫生事件处理系统实施下一阶段的主要任务，同时也是依法治国的重要体现。

第三，重视应急响应预案的制定与更新。应急响应预案的及时、高效能对于突发公共卫生事件来说不可或缺，并直接指导整个突发公共卫生事件的处置。在这方面，发达国家的成功经验比较丰富，如澳大利亚的《国家卫生应急反应安排》概述了突发公共卫生事件的执行部门、责任、安排和机制。我国也于2006年制定了《国家突发公共卫生事件应急预案》，在当前实际应用过程中，已经摸索出了一些更加有效且适合我国国情的处理对策，而这些可贵的实践经验也都需要进一步去总结分析，并由此提出更为科学合理、较为适宜的紧急反应预案。

（三）英国应对突发公共卫生事件的经验借鉴

20世纪90年代，疯牛病肆虐全球，而且这种延续了将近20年的危机并没有终止。英国在应急管理系统建设资金上的支持值得借鉴，并始终坚持“预防为主、预防在先、主动服务”的基本原则，充分调动社会资源，适时轮换医务人员，并定时更换处理疫情的主要医疗物资。在英国，处理突发性公共卫生事故组织中流行病学专家的地位非常重要，因此各个卫生机构都特别关注流行病学专家的作用。

英国公共卫生体系的垂直性体现在拥有以卫生部和由英国国家健康体系领导的独立管理体系，地方医疗卫生机构直接向其上级部门负责。卫生部负责制定战略纲领，为地方部门提供智力支持，并对地方的工作绩效进行评价。概括来说，卫生部扮演着决策者的角色。地方卫生医疗机构仅接受卫生部的指导，自主管理本地区公共卫生事务，承担执行者的角色。这种由决策者和执行者构成的权责分明、垂直的管理体系使英国在面对突发公共卫生事件时，具有高度的敏感性和及时性。

英国政府的突发公共卫生事件处置系统综合体制包括战略层面和执行层面。在战略层面的指导工作，主要由突发事件计划协作机构（EPCU）执行。EPCU 也是英国政府卫生部门及其下属组织中的一个。在执行层面上，由英国国家医疗服务体系（NHS）负责突发事件。国民健康服务系统保证了当地卫生服务机构对事件迅速、精确的反应，责任人为当地公共卫生首长。英国政府在 2003 年组建了健康保护局（HPA），并以此来管理包括生物性暴力恐怖事件以及新发病毒株等在内的各种各样的健康风险。HPA 与我国在 2004 年成立的卫生应急办公室相似，它在对传染病以及化学、生物中毒和放射危险物质等方面的预防具有重要的意义。

除了政府部门等官方组织，英国对民众处理突发事件才能的培养工作也十分关注。英国每年都会进行紧急技术培训，使社会公众加入紧急处置机制中。掌握了紧急知识技术的公民在遇到突发事件时可以在最佳救助时机内最大限度地减少自身伤亡。

在英国公共卫生突发状况应对制度上，笔者获得如下两点启示：首先，英国法律的渊源是判例法，以国情为基准，探讨和构建适合于自己的应对制度。在应急机制的探索中，应该根据各国国情，把借鉴国外经验和发展本地优势相结合。其次，英国不设专门的应急管理机构，而是通过在相关部门设应急职位来应对突发公共卫生事件，对此我国也可借鉴。

（四）加拿大应对突发公共卫生事件的经验借鉴

加拿大的突发公共卫生事件管理机制包括 3 个层级：作为国防部下

设机构的应急管理局主要对突发公共卫生事件承担管理责任；卫生应急组织隶属于省，负责本地区的公共卫生工作；地方现场的资源分配和应急处理工作由地方卫生应急运营中心负责应对，按照上两级的计划进行直接操作。突发公共卫生事件应急管理机制是国家安全应急机制的重要组成部分，这个三级管理体系最大的优点就是，为了更好地实现政府职责分工和权力下放提升处理事务的效能，只有在当下所属组织提出申请时应急管理机构才能够实施技术支援与管理，而对下两级的政府部门则没有直接领导权。借助信息系统与网络技术的互联、互通即时共享平台的建立，加拿大医疗卫生体系也更好地实现了跨越区域、覆盖广的医学卫生信息与技术优势共享，并且可以为民众提供辅助性的公共服务。加拿大在重视改善医疗保健服务水平、健康管理水平的基础上，继续在健康信息化体系建设上投放资金，这些都是其卫生决策支持系统建设处于世界领先地位的关键举措。对此我国也可借鉴，但应注意以下四点。

第一，地方政府部门应当逐步增强对国家健康决策与支持系统建设及有关资源的整合与支持能力，并坚持积极引领与推动国家新型医改的发展方向。在发展决策支持系统的构建过程中，加拿大一直坚持并充分发挥政策主导作用，高度重视政府信息基础设施建设，这也为发展决策支持系统奠定了扎实的技术基础。

第二，形成管理层次分明、责任主体明确的管理机制。尽管全国的医疗机构数量众多，但医学信息建设基础却相当薄弱。卫健委等行政管理机构应当在充分考虑全国人口特征的基础上，统筹部署与指导工作，使全国的医疗卫生管理部门与地方医疗卫生机构之间有机地协调，进行数据共享，以稳步推动国家高效健康管理决策与支持系统的建立。

第三，保障支持医疗卫生系统建设的资金充足。可以考虑通过市场化的融资筹措模式，使民营企业积极参与其中。这既降低了我国财政支出的压力，也促使了民营企业主动承担社会责任。

第四，统筹规划标准。由于联邦政府在建设初期便提供了世界上公认的健康信息系统标准基础架构，这也造成了整个健康标准化的建设过程均处于健康信息系统标准框架之下，尽管工程费时长、成本高，但同时也保障了卫生决策支持系统的正常建设。而目前，我国健康决策支持系统的多数操作仍仅仅止步于信息查询功能上，同国外比较，我国的系统在自动化程度上仍有一定差异。因此，在建设完善的卫生决策支持系统的目标下，我国应注重在项目早期制定前瞻性强、符合我国卫生体系特色的发展规划、技术和标准规范。

（五）韩国应对突发公共卫生事件的经验借鉴

韩国从 20 世纪 90 年代起开始学习发达国家的卫生立法经验，在经过长期摸索与完善的基础上，已形成了相对健全和独特的卫生法律体系。成文法为韩国的主要法律渊源，内容主要涉及健康基本法、社会福利法，公共卫生服务、服务收费、药品监督与管理等类法规，此外还有卫生促进、健康保险体系、卫生管理等相关法规。韩国的卫生立法制度内涵全面、架构清晰，以框架法律指导各分支领域的立法工作，具有卫生基本法性质。韩国宪法规定，“国家应当保护全体公民的健康”。2001 年，韩国通过立法的形式强制进行对公民基本医疗保健生活的全体保护，以最大限度地为社会上不同阶层人民提供基本医疗卫生服务，从而达到了医疗保健深层次的社会公平。

卫生法律应同各领域不断深化改革一样，持续发展、逐步健全，实现与时俱进。当今，随着医疗技术和信息化水平日益提高，我国医疗卫生事业在持续发展完善过程中遇到的挑战和难题是难以避免的。我国应顺应医疗新时代要求，注重立法更新，对发展中出现的问题，结合理论研究和依据制定能更好保护公民健康权的法律法规。

二、抗击新冠肺炎疫情对“全健康”实践的启示

应对新冠肺炎疫情，国际公认的是“全健康”这一最佳的解决范式，它是交叉学科当中最具典型性的代表，有技术层面的交叉，也有科学理论层面的交叉。“全健康”理念的实践为我们通过对人类文明认识的转变，即将物质文明、精神文明转变为社会主义政治文明、精神文明、生活文明、生态文明，提供了建设路径和支点。

（一）通过“全健康”理念提升国家治理现代化水平

“全健康”的理想与实践是全面的。在宏观层面，需要国家的法律法规系统落实“全健康”这一理念，提高国家治理体制和治理能力现代化发展水准；在中观层面，需要深入探讨动物、自然环境与人的身体健康方面的关联，以此为疾病防控提出理论依据，最主要的是降低传染病的发生率；在微观层面，需要公众提高科学文化素养，改变不良生活方式。严肃而又严谨的“全健康”科学研究，必将为发展新兴健康产业做出贡献。可以看出，随着“全健康”领域研究的逐渐开展，有望在第一、二、三产业实现新一轮的转型发展，如大数据在环境保护器械和材料、生物安全检测、有利于健康的交通工具，甚至城市规划、营养食品、养生保健食品、医疗旅游、度假旅游等领域的应用。

（二）提倡“全健康”理念，融入卫生政策制定和社会发展规划，促进“全健康”持续发展

在国家层面，政府各相关部门（如卫生健康、农业农村、林业、环境资源、教育等部门）要重视倡导“全健康”这一理念，在制定各种卫生政策及社会发展规划中，将“全健康”作为健康发展的基本目标，以此促进“全健康”理念的普及。在有条件的地方或“全健康”事件频发区域设立“全健康”示范性建设项目，以推进“全健康”实践活动在有风险地区获得较好的效果。

（三）探索“全健康”人才培养模式，培养高水平复合型人才队伍

人才队伍是“健康”发展的关键，各级高等教育主管部门和医学高等教育机构，都应加强对“全健康”人才的培养力度，适当设置研究生和博士“全健康”人才培养培训基地，并且在本科教育中推广“全健康”基础课程，提高学生对“全健康”的认识。

（四）加强“全健康”科学研究，增设科学研究基金项目

由于我国当前的“全健康”理论与研究实践尚处于起步阶段，不但远落后于国际水平，而且不能满足当前我国人畜共患病的防控需求，为此建议科学技术部、国家自然科学基金会增设“全健康”基金项目，并且动员社会力量支持“全健康”科学研究项目，使我国“全健康”理论与实践水平稳步发展，逐步达到国际先进水平。

（五）加强与国际组织和国外机构的合作与交流，提升我国“全健康”的国际影响力

政府外事部门要重视和支持我国“全健康”机构与国际组织、国

外机构的合作和交流，促进我国机构和专业的建设、人才的培养，从而加快“全健康”的发展，并不断提升我国在“全健康”领域的话语权和影响力，保持与 WHO、联合国粮食及农业组织（FAO）、OIE 等国际机构的联系，促进多边国际组织在中国开展广泛的合作，适当时候在中国设立国际全健康组织，以推进我国的全健康事业发展。

第五章

“全健康”治理的重点领域

一、人畜共患病与防治

人畜共患病（zoonosis）是指在人类和脊椎动物之间自然感染与传播，由共同的病原体引起的，流行病上又有关联的疾病。人畜共患病病原体种类繁多，包含病毒、细菌、寄生虫、真菌和朊粒等在内的 800 多种病原体。相关数据表明，在与人类新发疾病相关病原体中人畜共患病病原体的数量是非人畜共患病病原体的 2 倍。目前，全世界人畜共患病有 250 多种，其中中国有 90 多种。科学家估计人类每 10 种已知的传染病中至少有 6 种是由动物传播的，而人类每 4 种新发传染病中有 3 种是由动物传播的，每年约有 25 亿人感染和 270 万人因此丧生。21 世纪以来，全球范围内发生的公共卫生事件中，人畜共患病所占的比例不断提高。一是传统的人畜共患感染通过变异卷土重来，如狂犬病、结核病和布鲁菌病等；二是新发人畜共患传染病对人类造成的威胁，如 SARS、埃博拉病毒、人感染高致病性禽流感和新型冠状病毒肺炎等。联合国环境规划署和国际畜牧研究所报告表明，随着人们对动物蛋白的要求日益提高、难以持久的农产品生产集约化，以及过量使用和研究野生动植物、环境恶化等多方面原因共同造成人畜共患病的发病率有所上升，该报告同时提供了预防和应对人畜共患病和大流行病暴发的最佳方法——“全健康”计划。

全健康理念，包括人体、动物、食品、环保和城市规划等诸多方面，是多国家、多部门和多专业的联合行动，着力于与人体医学、兽医学和环境科学相结合，以改善地球上一切生命的健康水平。为应对全球公共卫生危机及不断出现的挑战，“全健康”理念在全世界范围引起了日益增多的重视，许多国家和地区也逐渐进行有关“全健康”交叉互作的相关探索。

国际上，已有将全健康理念应用于人畜共患病防控行动的实例。澳大利亚为了应对 2011 年 6 月和 7 月出现的大量亨德拉病毒病例，成立了亨德拉特别工作组，应用全健康理念确定了受影响州的适当风险管理战略和有效的应对措施。乌干达为了更有效地应对人畜共患病的挑战，举办了全健康人畜共患病优先化研讨会，目的是采用多部门的全健康理念来关注人畜共患病，同时还促进乌干达制定人畜共患病的多部门疾病控制和预防策略。自 2006 年以来，肯尼亚建立了可持续的全健康计划，建立了有效的跨部门协调政府部门，增强了满足动物和人类健康需求的家畜和野生动物监测系统，在全健康理念下训练了专业人员，改善了疾病暴发调查效果。全健康理念对于人畜共患病防控治理十分有效，许多国家已经开始通过全健康方法来进行人畜共患病防控治理，但是方法差别很大，各个国家实际的实施水平也有很大差异。

面对当前世界范围内复杂的生态环境问题和形势严峻的新冠肺炎疫情，没有哪一门学科有足够的能力来单独应对如此复杂的公共卫生问题，同样也并非单个机构、单个国家所能解决的，全球应当凝聚力量，携手应对重大公共卫生危机的挑战。全健康理念作为着力于提高地球上所有生命健康水平的多学科综合理念，其实践应用显得尤为重要。中国作为最大的发展中国家，人口基数大，在快速发展过程中面临环境污染、食品安全、新发传染病和资源短缺等问题和挑战，解决这些问题就需要打破陈旧观念，需要综合考虑各方面的因素。因此，鼓励支持全健康理念在我国的发展势在必行。

以猪流感为例的人畜共患病的防控建议如下。

（一）加强城市公共卫生应急体系建设力度，完善人畜共患病相关应对措施

在政府的主导下，密切各部门协作，不断制定与完善城市应对人畜共患病的相关措施，界定各部门机构与社会各界在疫情防控中的主体责任，在相关政策的制定上明确对城市公共卫生体系和相关应急响应部门持续稳定的投入。进一步加强突发公共卫生事件的应急运作中心（Emergency Operation Center，EOC）和应急作业网络（EOC Net）建设，稳步推进卫生应急学科和卫生应急队伍建设。

（二）强化拓展疾病监测，整合分析综合监测信息

强化猪流感等人畜共患病的监测网络，利用搜集整理不同途径、不同组织之间的疫病检测信息，健全基于病原学检测、症状监测、事件检测的流行性感冒综合检测体系。加强与各单位的信息交流合作，以及时掌握动物与流感疫病动态信息。并通过对等地理信息系统、强大数据处理技术、5G 技术等手段定期收集的信息进行研究判断来获得本地区人畜共患病的流行趋势、病毒变异情况及疫情暴发风险。

（三）开展突发事件风险评估，针对性制定防控策略

一旦发生人畜共患病疫情，应立即对突发事件公共卫生风险进行评估，研究并判断疫情的特点和风险。在疫情发生早期，由于对其缺乏足够的认识，为了尽可能地防止其扩散及便于研究疫情特点和为社会动员预留足够的时间，相关部门应该采取最严密的应对措施。在对疫情的认识不断加深后，可选择更适当的疫情防控策略。

（四）科学做好紧急物品储存，促进疫苗和特效药物研制

通过依托于市场和社会资源，采用分散和集中储存、以协议和实物储存、政府与企业储存等相结合的方式，开展有关疫苗、床位、药物等的储存。同时，将开展猪流感等人畜共患病研究和创新研发纳入重点科研计划，进一步推进相关疾病流行病学、病原学等方面的研究，提升现有监测、预警、诊断和治疗能力。具体来说，科学布局猪流感研究方向，一是针对全国猪流感传播扩散的走向，开展有计划的科学布点，强化这些点上的检测与监测能力，为及时采取科学防控措施打断猪流感向人群扩散的路径提供科学的依据；二是组织人医和兽医联合攻关，弄清猪流感传播机制与致病机制，为诊断与治疗人感染猪流感提供防控产品；三是根据猪流感传播机制与扩散路径，开展预测预警研究，提前为猪流感对人体影响风险做出预警。

（五）加强风险沟通宣传，提升全社会健康素养

针对人畜共患病流感疫情，应当加大社会舆论监控力度，积极做好危机警示和信息沟通，主动反映公众关注的问题，科学地引起社会关注。推动健康宣传教育，增强民众对疫情的预防能力，提高公民健康意识。大力推动卫生城市建设，加强健康促进，将健康纳入政策法规制定

之中，切实提升整个社区健康素质。

二、食品安全问题与监管

食品安全问题是民生问题的焦点。《“健康中国2030”规划纲要》中提出要“健全从源头到消费全过程的监管格局，严守从农田到餐桌的每一道防线，让人民群众吃得安全、吃得放心”。在某种程度上可以说，我国长期以来出现的食品安全问题既有市场失灵的因素，也有政府政策失效的结果。要解决当前的重大食品安全问题，就必须从食品企业的自律、行政规制与制度、对社会主体的监管与协作等多方面着手，开展系列综合治理。

（一）整合食品安全规制机构

在目前“多部门分段规制”的国家食品安全监督管理法规体系下，将逐步明晰各个管制机关的具体实施职能与权限。在国家层面，要做到统分结合。“统”是指政府应建立全国性的、集权化的，具备权威性和自主性的食品安全监管严格规范组织，集中食品安全监管的严格规范部门，全面统筹规划食品安全的各项事务，协调和指导各个行业安全管理规制政策的具体实施，统一制定食品安全标准，避免由于多方管理而导致的责任界限模糊和监管缺失。此外，还负责统筹和整合卫计委、农业农村部、质检总局、工商总局、海关总署等部门，并通过法律和有关法规细则，使监管具体化、权责明晰化，真正实现权责统一。“分”是指各规制部门各自履行法定的规制职权，要重视规制职权的进一步分类细化，使规制领域的重叠和碰撞进一步减少，实现食品从生产到消费、田间到餐桌全过程的合理有效规制。在地方层面，规制机关应当独立于其所监管的企业及其他地方各行政组织，以确保其严格规制权的独立性，同时，在全国范围内实行信息化管理，一旦出现问题通过信息共享就能追根溯源。

（二）强化食品企业的自我规制

强化政府对食品企业的规制，不仅仅是指政府通过外部力量对其所进行的强制约束，加强食品企业的自身规制，并明确对其首负责任，也是解决我国食品市场失灵问题的关键措施。首先，企业需要加速改变经营理念，积极培养企业社会责任感，加强企业的社会自律意识。同时，行业协会也必须对行业成员做好食品安全管理教育和业务培训工作，向当地部门和公众及时提交相关行业最新的信息数据，并协调解决行业中突发性的食品安全事件；公司生存与发展战略的首位目标是食品质量与安全，公司需要不断做好诚信建设，牢固树立质量第一的意识以及企业是产品质量安全第一责任人的意识，并主动配合国家食品安全监管与规制部门的监督抽查，积极接受社会公众、媒体与传播媒介的监管，向社会公开食品安全的相关信息，消除安全隐患，以确保消费者的健康。

（三）建立严谨科学、相互协调的规制机制

一是完善食品安全标准体系。这个体系即让食品“从田间到餐桌”整个过程都在系统、科学、合理的标准化管理之下。我国依据《国际食品法典委员会（CAC）标准》的规定，从食物生产、加工、制作、销售的全过程监控着手，建立和完善相适应的食品安全标准体系，把食品安全标准落实到整个产业的各个环节，为食品安全的各项控制措施提供强有力的技术支持和保障。二是构建规范的市场体系。这里的市场准入范围不仅包含了食物生产与加工活动的市场准入允许，还包含了食用

农产品栽培饲养、食物流通领域、餐饮业服务，以及食品进出口等的准入允许。同样，还必须积极推动以食品安全标准为基本的体系认定与质量认可等活动，并重视对企业认证后的质量监督管理工作。三是构建健全的信息获取、共享和发布机制以及网络平台。透明化的信息发布制度既能有效减少在信息不对称条件下消费者的劣势地位，维护消费者权益，又可实现有效市场管理和及时的“预警”灭火处理等功能，保护了消费者食品安全和有效控制食品重大安全事故的蔓延，还便利了国家食品安全委员会严格规制机关对非正规商品的召回管理工作，从而大大减少了食品不安全事件的发生率。

（四）建立健全以《食品安全法》为核心的法律体系

我国应加快建设涵盖食品从最初生产到最后消费整个过程法律体系的步伐，在不断改进《食品安全法》及其各项细则基础上，形成纵向、横向的，层次分明、高效适当的食品安全监管体系。其一，借鉴发达国家的立法经验，将现有的相关法律法规进行整理，以此避免法律法规间的相互矛盾，进一步提高立法效率。其二，各地方政府要在《食品安全法》及相关法律法规的前提下，结合实际，制定相应的地方性法规。其三，加强对违法违规行为者的惩罚力度，确保食品安全法律法规的权威性，保障食品安全相关法律法规对公众的震慑力度，确保食品市场的正常秩序。

（五）加强社会层面主体的监督与合作

在食品安全监管体系中，社会层面的主体主要包括食品行业协会、个体工商业者协会、消费者协会、食品质量检验与认证机构、新闻媒体等。社会主体与政府相关部门有所不同，具有自身的特殊性，是政府在食品安全监管方面的有力补充，其在食品安全规制治理中起到干预协调、社会监督的重要作用。其中，食品行业协会作为企业与地方政府部门、企业与消费者之间的桥梁，将进一步完善企业的制度功能，并通过建立产业标准、行业标准和相关的惩戒措施来规范各企业相关活动，提高整个行业的自律性。除此之外，最直接、最主动、最具有威慑力的社会监督方式就是消费者自我权益维护。所以，政府应该实施对消费者权利保障方面的有关优惠政策，使消费者的合法维权得到奖励而不是损失，并由此来鼓励他们主动维权，从而形成以赔付责任为核心内容的社会机制，让每位消费者都能成为食品安全的社会监督者和犯罪企业的法律终结者。

（六）重构地方政府食品安全的行政问责制度

在应对区域保护主义时，应当形成“自上而下”的行政监督问责制度，尤其是将食品安全问题列入当地政府监管问责范畴，并按照食品安全案例的严重性等实行监管问责分类，进而对各类别监管问责制定出具体的标准，形成食品安全管理行政监督问责层级管理体系。这也有助于提升食品安全问题的处理效果。此外，可将食品安全的治理作为官员政绩的一部分，当食品安全问题超过预警指标或辖区内出现重大食品安全问题时，则实行引咎辞职制。

三、抗生素滥用与治理

（一）抗生素滥用应对措施

从前，人类克服对抗生素耐药性的主要方法就是开发新的抗生素，而现在对病菌的耐药性却日益增加，以至于让开发新抗生素显得杯水车薪，基于此，政府有必要限制抗生素的应用，并借此来减缓耐药性病菌的发展。

滥用抗生素的情况导致抗生素的有效性大大下降，但同时使对细菌的抗性获得了增强，这是一种全球性的公共卫生危机。由于抗生素耐药性以及抗微生物耐药性（AMR）的出现和蔓延率不断上升，对全球健康安全造成了严重的负面影响，这也使 AMR 成为从七国集团（G7）到世界卫生大会再到联合国大会的高级别国际政治探讨的最前沿。在 2016 年二十国集团（G20）峰会发布的《二十国集团领导人杭州峰会公报》中，在其最后部分明确列举了对世界经济社会健康发展有严重影响的因素包括英国脱欧、气候变化、难民、恐怖主义、抗生素耐药性 5 项。这就告诉人们，抗生素耐药性的问题已经变成了国际性问题，成为一个等同于气候变化和恐怖主义的世界性问题。

当面临耐药性这样的无界限危险时，人们需要全球防治制度来防止其发生并延缓其扩散。这种制度，既可以是具备立法约束力的条约和监管规范等，也可能是不具备约束力的政治宣言、决议等。

维护抗菌效果（AME）和减轻 AMR 作为对全人类的最大利益，要求所有国家和地区负起责任。所有的 AMR 解决方案，都是为了提高地球上所有生命的健康水平。WHO：抗生素耐药性国际行动的五个主要战略目标包括：提高对抗菌药物耐药的认识，通过检测与研究增强对耐药性的了解，从而降低感染的发生率，并优化抗菌药品的商业应用，以确保对抗菌药物耐药的可持续性投入，以此成功遏制 AMR 蔓延。

随着全世界对抗生素滥用逐渐达成共识，抗生素的地位和作用受到怀疑的同时，也受到了严格的管理。人们开始从过去简陋的治病方式重新寻找对抗疾病的灵感。面对超级细菌的挑战，不能投入更强大的抗生素去“锻炼”它们，而应该是回归原始菌落的生态竞争。在细菌菌落间，如果没有抗生素的选择压力，就没有特别“厉害”的细菌。找到一种健康和自然的疗法，用人类自身免疫来抵御超级病菌的进攻，成为许多人对疾病的新共识。

（二）抗生素耐药性全球治理对我国的借鉴意义

1. 多领域协同治理抗生素耐药性

当前，主要是由国家卫健委牵头对我国抗生素耐药性进行治理管理工作，其主要将工作重心下放到地方医疗机构，而对于其他领域则涉及较少。国际上，更多的国家和地区对于抗生素耐药性的管理，都已经从卫生、食物、农业、环境等多方面协作，这也取得了不少的成果。由此可见，国家政府部门和各领域专家学者都需要在国家发展行动计划的指导下，努力突破领域与部门之间的边界，积极开展国际合作。例如可制订整个链条的检测计划，农业部门负责检测动物应用和耐药性状况，疾病预防中心检测人的应用和耐药性状况，环保部门检测水体和土地中抗生素残留及其耐药状况等，可形成专门的平台共享各部门监测数据。

2. 以更加积极主动的姿态参与全球治理

没有任何一个国家和地区可以凭一己之力来解决抗生素耐药性的问题，因此，接下来我国应主动加入全球抗生素耐药监测系统，逐步与国外共享已有的相关数据资料，实时参与和关注世界监测情况。

3. 加强社会公众对抗生素耐药性的关注

我国从 21 世纪初开始关注抗生素耐药性问题，但侧重于临床实践，然而抗生素耐药性的发展影响到每一个人，因此社会各界和公众都可以为遏制抗生素耐药性的发展做出贡献。我国政府可以参考欧洲抗生素意识日，每年选取一天集中开展抗生素使用和耐药现状的宣传活动，加强公众对抗生素耐药性问题的了解，有针对性地对不同人群进行抗生素耐药性知识宣传，使公众自觉参与到抗生素耐药治理行动中。

第六章

“全健康”理念下的公务员公共精神及健康素养

一、公务员的公共卫生理念

公共卫生的意思就是关乎某个国家或者一个地区民众身体健康的事业。其内容包括对感染性疾病（例如新型冠状病毒肺炎、埃博拉病毒、艾滋病等）的防治和处理；对食物、药物、环境卫生等的监督管理，以及相应的健康宣教、健康教育、免疫接种服务等。近几年新冠肺炎的防控与治疗就是公共卫生的典型职能之一。

公共卫生与人们传统意义上所认为的医疗服务是完全不同的。所以人们一定要明确公共卫生的实际意义，以便于公正、高效、合理地分配相关公共资源。在美国，城乡卫生行政人员通过利用评价、政策发展和措施来防治疾病、延长人类生命，以及提高个人的心理健康水平。公共卫生服务是一种成本低、效果好的服务，但又是一种社会效益回报周期相对较长的服务。在国外，各国政府在公共卫生服务中起着举足轻重的作用，并且政府的干预作用在公共卫生工作中是不可替代的。许多国家对各级政府在公共卫生中的责任都有明确的规定和限制，以利于更好地发挥各级政府的作用，并有利于监督和评估。

由于当前我国农村的部分地区政府决策者在经济利益的驱使下，对于短期内就能形成经济效益的建设项目尤为关注，这也无疑使得地方政府部门对公共卫生的关注程度和干预力量都有所降低。政府机构在公共卫生上的责任分工与职能范围还没有确定，特别是农村方面。因此，为了有利于各地落实其工作，应该尽早确定各政府部门的工作和任务。

我国公共健康的主要内涵和领域：公共保健，是在有计划的全社会努力下来防治疾病、增加寿命、增进人民健康和提高社会经济效益的科学理论与艺术。这些措施主要包括：改进环境卫生，抑制传染病的出现和传播，对公众的健康宣教，对医疗卫生机构工作人员进行早期的疾病诊断和预防性护理服务，并且形成适当的社区激励机制，来确保每个人都可以保持健康的生存标准。而这种效益的组织形式，是希望使每位公民都能得到其本应得到的健康和长寿权益。

公共卫生定义：公共卫生是以保障和促进公众健康为宗旨的公共事业。通过国家和社会共同努力，预防和控制疾病与伤残，改善与健康相关的自然和社会环境，提供基本医疗卫生服务，培养公众健康素养，创建人人享有健康的社会。

公共卫生的理念：保障和促进公众健康。

公共卫生资金大致有三种来源，即中央、省和地方。中央主要负担对全国居民卫生危害性很大的重大公共卫生问题的预防费用，还有对某些特殊卫生问题、特殊区域和特定群体的重大公共卫生费用，各省人民政府负担了相当比重的重大公共卫生费用，这是根据当时国民经济发展水平来确定的，地区人民政府则负担部分城市农村公共卫生工作人员的基本生活工资和保障费用等。在公共卫生领域的实际意义上还包括一些特殊卫生业务，在医学上来说，“公共卫生”一词的基本含义相当清楚：面向社区和社会的医学措施，它并不等同于在某些公立医院实施的，而是面向个人的医学措施。比如疫苗注射、卫生宣教、健康监测、疾病防治等。

二、公务员的公共精神

（一）公务员公共精神的内涵

要正确认识并掌握国家公务员的公共精神范畴，就需要对所有国家公务员的精神范畴做出清晰划分，以明确国家公务员的具体范畴。“公务员”这个名词也是英译出来的，因为按照当时我国宪法的规定，公务员是指：纳入国家行政编制，依法履行公职，由国家财政提供工资福利的工作人员。

公务员的政治素质、工作态度和思想作风，在精神层次上的最全面体现就是公务员公共精神，它通常以集体意志、观念和心理上的主体状态出现在公务员的大脑中，表现为所有公务员都共同接受并必须坚持的行动方法、价值观念、职业习惯和工作作风等。但到底什么才是公务员的公共精神，也始终是人们探讨与研究的问题。而且，在不同的政治体制和不同历史时期下，由于人们对公务权利起源和性质理解的差异，对公务员公共精神内涵的定义也是有所不同的。

公务员公共精神能够全面反映公务员的政治素质、工作态度和思想作风，它不仅是对广大公务员长期以来的优秀品德和崇高精神的新理解，也是基于新时代条件下对公务员提出的新要求；公务员公共精神在继承中华民族优秀传统文化的同时又吸收了当代政治文明的硕果，不仅是全体公务员都应该具有的职业道德，也是全体公务员在履行职权过程中必须遵循的行为准则。

自新中国成立以来，党和政府高度重视公共精神建设，从倡导党政领导干部要全心全意为人民服务到加强共产党员党性修养；从“没有民主就没有社会主义现代化”到“依法治国”；从加强精神文明建设到提出“以德治国”方略；从领导干部要做到“人民的公仆”到加强反腐倡廉建设等，这些都表明党和政府一直努力在构建一个具备良好公共精神的管理者队伍，相对于普通公民而言，公务员更应具备以公平公正理念、责任意识、民主精神、法治观念、服务精神和自律意识、环保意识为核心内涵的公务员公共精神。

1. 公平公正理念

人类建立政权的初始意愿是希望把行政、平等与正义融合到一起，虽然在非常漫长的历史时间里，这个想法只是一种美丽的梦想，至今依然未能全部达成，不过当代政府与公民较过去更为注重平等、正义。站在公务员的视角，要想建设公正平等的政府，就应该坚持这样的宗旨：所有社会公民都拥有公正的权利，而且这种权利并不会由于个人的性别、民族、社会地位和收入等方面存在的差别而遭受什么侵犯，不能被任何特权所侵蚀，更不能被物质利益所收买。公平公正行政，意味着政府为广大人民所提供的福利和发展机会尽可能公平公正地在社会成员之间进行合理分配，同时也意味着公务员在施政的过程中必须公平、公正地对待每一个人，排除各种造成不平等的可能因素。体现到公务员身上的公平公正精神，应表现为平等、公正地对待所有的服务对象，排除不应有的偏见，在参与、制定决策或者执行决策时要做到社会公平公正，不仅要提供服务而且要公平公正地提供服务。

2. 责任意识

公务员代表着国家和政府的形象，在人民群众看来，他们就是国家和政府的化身，人民将公共权力赋予他们，公务员就要始终代表广大人民群众来行使职能。公务员具有多大的行政权，这就表明了他要担负一定的责任，所以公务员在施政过程中，要重视自身的责任意识。必须认真地履行中国共产党所赋予的职责，将祖国和人民的利益看得高于一切、重于一切，维护国家公共利益而不是个人私利，坚持以自身的全部工作为国建功、为民谋福。要时刻提醒自己身上所担负的责任，无论何时何地，都要表现出对人民群众负责的精神和强烈的责任意识。

3. 民主精神

我国公务员的民主奉献精神，一般是指公务员在履行公共职权的现实过程中所表现的民主价值观，一般包括权利、平等机会等基本内涵。当代公务员具有人民精神的重要内涵，主要体现为坚信人民群众具备相当程度的自主创新能力，以及坚信我们的人民群众具有更优秀的行使为人民服务权利所需要的基本素质。公务员，作为政府政策法规的制定者与执行者应该尊重这些民主精神，即相信人民群众如果极其了解、关心时事和富于理性，便可以依赖他们，在一定程度上由他们自己管理自己；对于现实社会中可能出现的错误和偏差，坚信可以通过民主的方式来进行纠正和解决；相信满足大多数人的意愿和尊重少数人的权利，对于民主地执行公共权力来说都是非常重要的。

4. 法治观念

从理念和实践方面上可以这样来看待法治，其所呈现出的状态是：法律是建立在尊重民主、自由人权的基础上的，宪法和法律有着最高的权威和效力；法律面前人人平等；它不承认任何人、团体或者组织具有超越法律之外的特权；任何人都在法律的范围内享有平等的权利，并平等地承担义务。

如果上述所描述的法治观念真正能够转化成为公务员公共精神的一部分，在实际运用中它就能指引公务员在法的精神下来看待和处理工作中的各种情况，并作为公务员执行政策和服从命令的潜在理念支持，时刻对公务员的执政行为进行监督。

5. 服务精神

公务员所负责的工作是为大众服务，为全体人民群众创造公共服务，而服务于国家与社会也是所有公务员应尽的责任。服务不只是公务员的一种姿态，也应该变成所有公务员的一个宗旨、一种精神。身为公务员，应该将公共服务精神当成自身职业活动的出发点与归宿点。所谓公共服务精神是指公务员通过使用公共权力，在行政管理活动中，以谋求公民的利益为基本目标，以为民众提供优质高效的公共服务为主要内容，以实现和维护最广大人民群众的公共利益为出发点和落脚点。公共奉献精神是公务人员公共行政理念的核心价值，它是进行一切公务活动的重要行动指南和强大精神力量。在我国，人民是权力的主人，政府权力来源于民众，也应服务于民众。因而体现在政府工作实践中，公务员必须把为公众服务作为自己应尽的义务。我们党组织始终秉承了全心全意为人民服务的宗旨，坚信“权为民服务所用，情为民服务所系，利为民服务所谋”便是这一服务理念的最好例证。因此，政府部门应当积极地培育公务员的公共服务精神，以激励其在公共行政活动中永远保持着全心全意为人民服务的强烈事业心，以及永远为追求广大人民的利益而继续奋斗的信念；引导其在公共管理实践中，永远以处理好民众最关注、最实际、最需要的问题作为行动的基本立足点，时刻以实现全体人民群众利益最大化为目标。

6. 自律意识

唯物辩证法认为，环境改变的前提条件就叫作外因，而改变的基础叫作内因，而外因在内因的影响下起了条件。少数公务员的腐败行为，关键原因在于其自身对现实中的各种诱惑缺乏免疫力和抵抗力，因此必须加强公务员自律意识的教育。所谓自律，正是以对社会存在与发展的必然性、规律性的认知为基础，自主地、有意识地约束自己，自我约束自身，自我纠正自身。特别是在人们面临各种社会问题而又没人知道的前提下，人们可以根据道德原则和规范来执行事务。公务员是代表党和人民执行、掌管国家公务职权的，也应该是全心全意为人民服务的公仆和道德自律意识的楷模。公务员的自律意识如果不强，其相应的社会责任感也就会不足，在执行公务的过程中就很有可能不恰当使用权力。就像孟德斯鸠说的那样：“一切有权力的人都容易滥用权力，有权力的人们会使用权力一直遇到有界限的地方才休止。”要杜绝权力滥用，除了要有外部的约束发挥作用外，还得依靠公务员自身的自律意识，在实践工作中经常反省自己的行为和思路，通过自我反省的方式来引导和规范自己的执政行为。

7. 环保意识

培养环保意识必须首先从行政机构入手，从领导干部、公务员队伍入手，对于降低财政投入、避免浪费、提高节约减排意识，大量的地方行政机构采取了限电、限水、限车等方式，这发挥了很好的榜样带动效应。但仅仅靠鼓励投资无疑是杯水车薪，而问题的关键还是在于政府体制上的约束和监管。其次，要提高公务员重视环保、实践环保的意识，要加强立法，使法律成为环保利剑，让致力环保的公务员能够面对各种困难。再次，要加大奖惩力度，采用行政手段制约各种环境破坏行为。最后要加强宣教，使广大民众特别是公务员自觉树立环保意识，积极主动履行相关义务，把环保作为日常生活不可缺少的一部分，要切实贯彻新发展理念，树立“绿水青山就是金山银山”的正确理念，坚定不移地走向社会主义生态文明新时代。

三、“全健康”对公务员公共精神的促进

（一）树立服务行政的价值理念

在我国，一切权力都来自人民赋予。行政权力要求国家公务员不只是行使“管老百姓”的职权，而且要运用手中的权力全心全意为人民服务。行政机关的价值取向，最终在于保护人民的利益，行政权力一方面致力公民所享有的基本权利的实现和保护，另一方面要防止和纠正对公民权利的损害。在我国，国家利益和人民利益是一致的，国家机关及其工作人员应该是人民的“公仆”。行政机关和公务员应当深刻认识其所拥有和行使的职权不应作为谋取私利的手段和工具，其所存在的价值在于服务社会、造福百姓。行政机关及其工作人员要保持清醒的头脑，

摆正与人民群众的位置，将手中的权力正确且合理地使用。

公务员代表人民履行政府公共职能，必须牢固树立为人民服务的行政理念，创新行政价值观念，强调政府管理的公共价值取向，实现行政文化的公共化。要继续倡导“全心全意为人民服务”、走群众路线等传统行政思路。应该明确，公共权力实质上是一种委托权，公民把管理国家和社会事务的一部分权力委托给政府，公务员代表政府行使权力。因此，在转轨变型期以国家和社会、政府和公民两元分化为特征的社会结构中，国家公务员要时刻牢记“公仆”定位，把为人民服务当作至上追求。要与政府权力公共化相适应，树立政府权力是公共权力的观念；要与政府职能服务化相适应，政府行使权力的目标是满足社会公共需要，树立服务行政的价值理念。

（二）加强公务员的思想政治教育

进行社会主义思想政治理论教育，就必须要求所有公务员都树立正确的政治思想三观，树立共产党人的政治理念，并把共产党员理想和现阶段的历史任务与本职行政管理紧密联系在一起，始终坚持“以人为本”的理念，真正做到与时俱进、守正创新，为人民和社会提供更好的服务。此外，我国的公务员思想教育还要接受国外的先进的行政管理思想，随着经济的全球化，行政思想也融入其中，对各国的公共行政都或多或少地起着作用，我国的公共行政也不例外，国外先进的行政管理思想正在影响着我国的行政改革，所以公务员也必须接受这些思想的教育，了解全球行政发展的趋势，为我国的行政改革做好准备，力争快速转变自身的行为理念和行为方式，为人民制定更好的政策，提供更多能够满足公众需求的公共产品，推动社会前进。

（三）发挥培训教育在公务员公共精神培育中的重要作用

要发挥培训教师在培养公务员公共精神教育中的重要功能，在初任培训、任职培训和工作训练等培养过程中，扩大公共精神教育的内涵。把公共精神作为一种信念灌输到公务员心中，要求公务员必须身体力行。因材施教，大力发展短期强化训练，推广特异性训练，积极运用小组教授型课堂、情景模拟和个案教育等现代训练方式，提高训练的吸引力；及时更新培训内容，培训内容要贴近改革开放和现代化建设，贴近公务员的需求，围绕提高公务员的公共精神确定培训的内容和重点。各培养机构要在自愿的基础上优势互补、强化协作，进行形式多样的合作办学，逐步形成布局合理、分工清楚、功能全面、特点突出的开放式的国家公务员培训基地系统。按照政府宏观调控与引入市场竞争相结合的原则，优化培训资源配置，使优势资源发挥最大的效用。此外，要完善培训奖励约束制度，引导各类公务员重视自我素养与创新能力的提高，调动公务员自我学习、奋发向上的内在动机。

公务员在社会活动中，都应当起领导模范作用，在实际工作、同民众交往的流程中要践行公共精神。这些方法实际上就是政府对公共精神的一种传播与发扬手段，让公务员在具体的执政过程中渐渐地将公共精神当成自身的一个价值追求与美好信念。同时，政府对于公务员公共精神的培养也有着具体的内容，基本要求就是强调并坚持把政治教育和业务培训紧密结合起来，如果在公共精神层面上对公务员的教育和培训有所欠缺，就很有可能导致少数公务员在行使公共权力的过程中，把行政道德的规范和原则抛诸脑后，导致损害社会利益、公共利益的现象发生。正因为这样，我们应尽快建立和健全公务员公共精神的教育和培训制度。

四、公务员健康的基本知识和理念

（一）健康不仅仅是没有疾病或不虚弱，而且是身体、心理和社会适应的完好状态

载于 WHO 宪章的这个定义，提示人们健康不仅仅是无疾病、不虚弱，它还涉及身体、心理和社会适应三个方面。健康表现为体格健壮，身体各器官的功能发展完善。心理健康即能合理评估自我，应对处理好日常生活中的压力，能顺利工作，对社会发展做出自己的贡献。所谓社会适应的良好状态，是指通过自我调节保持个人与周围环境、社会和在人际关系中的平衡与配合。

（二）每个人都有维护自身和他人健康的责任，健康的生活方式能够维护和促进自身健康

每个人都有维护自己身体健康的权力，也有不伤害别人身体健康的责任。因此每个人都能够通过保持健康的生活方式，获得身心健康，从而提升生命品质。预防为主越早越好，而选择较健康的生活方式才是最佳的生命投资。提升每个公民的健康水准，就必须在整个国家和社区的共同努力下，建立一种有益于身心健康的生活环境。

（三）健康生活方式主要包括合理膳食、适量运动、戒烟限酒、心理平衡四个方面

健康生活方式指的是一些有助于提升身体健康水准的习惯性行为方式。主要体现为规律地生活，没有不良嗜好，讲究个人健康，患病按时就诊，主动参与对身心健康有利的各项社会活动等。

合理饮食指能供给全面、平衡营养的饮食。唯有丰富多样化的膳食，方可满足机体对不同营养素的需求，实现合理养生、提高健康水平的目的。我国最近推出的《中国居民膳食指南》也对此进行了权威的引导。

适宜运动指体育锻炼的方式和量适宜，动则有利，贵在坚持不懈。体育运动时必须量力而行，选择恰当的方式、强度和运动量。一般来说，正常人都可以利用运动后的心率变化来调整运动强度，通常可以做到每分钟 150~170（次），减去年龄为宜，每周最少锻炼 3 次。

不管吸烟多长时间，都必须戒烟，而且越早越好，因为只要戒烟就对身体有益处，而且可以改善生命品质。

过度酗酒，会提高罹患某些慢性病的危险性，也造成车祸和暴力事件的增多。建议成人男子每日饮用的酒精总量不大于 25 克，女子则不大于 15 克。

心态平衡，是指一个人正常的心理状况，也即能够正确地评价自己，正确处理日常工作中的压力，有效地上班和学习，对家庭和社会都有所奉献的正常状况。快乐、积极、豁达的生活态度，将个人目标置于力量所及的范畴内，以及建立良好的人际关系，积极参加社会活动等都有助于个人维持好自身的心态平衡状况。

（四）劳逸结合，每日保持 7~8 小时的睡眠

一切的生命活动，都有其内在节律性。生活有规律，对身体健康非常关键。要注意劳逸结合、起居有则。上班、上学、娱乐、休闲、午睡，均要严格按照生活作息规律进行。一般来说，成人每日要保持 7~8 小时睡眠，睡眠时间不足不利于身体健康。

（五）吸烟和被动吸烟会导致癌症、心血管疾病、呼吸系统疾病等多种疾病

烟草烟雾中存在包括几十种致癌物在内的四千多种物质。烟草几乎对人体每个脏器都不利，可导致癌症、冠状动脉粥样硬化性心脏病、慢性阻肺等病变。相对于不吸烟者，吸烟者死于肺癌的危险性增加6~13倍，死于冠心病的危险性增加 2 倍，死于慢性阻塞性肺病的危险性则增加了 12~13 倍。烟草在影响着吸烟者身体健康的同时，也威胁着暴露于二手烟中的人；二手烟暴露者肺癌危险性增加约 20%，冠心病危险性增加约 30%。统计资料表明，全世界每年有多达 100 万的人死于与烟草有关的病症，占自杀总数量的约 20%。由烟草所引发的各种慢性病症，给整个社会造成了巨大的压力。

（六）戒烟越早越好，什么时候戒烟都为时不晚

烟戒得越早越好，因为什么时间戒烟都不算太晚，在明确戒烟的动机的基础上掌握和了解相应的戒烟技术，可以实现彻底戒烟。35 岁之前戒烟，由于抽烟而导致心脏病的概率可减少至 90%，而 59 岁之前戒烟者，在 15 年间去世的危险性亦仅为不戒烟者的一半，因此即便年过 60 岁戒烟，因肺癌而去世的危险性仍远远小于不戒烟者。

（七）保健食品不能代替药品

保健食品指的是一些适合于某些群体食用，具有调整机体功能，但不以治愈病症为主要目的的食物。食品卫生主管部门对经审核合格的保健食品核发保健食品批准证书，获得保健食品批准证书的保健食品可采用保健食品标识。其标志或者说明书应当满足有关规范和规定。

（八）环境与健康息息相关，保护环境促进健康

很多疾病都和环境污染之间有着极大的关联。无穷尽地耗费资源和

污染环境是导致污染最根本的因素，所以每个人都应该保护好环境。

要严格执行环保的有关规章制度，讲究社会公德，自觉培养节约资源、环保的习惯，尽力营造舒适、宁静、良好的自然环境，保障和提高人体健康水平。

（九）成人的正常血压为收缩压低于 140 毫米汞柱，舒张压低于 90 毫米汞柱；腋下体温 36℃～37℃；平静呼吸 16～20 次/分；脉搏 60～100 次/分。

《中国高血压防治指南》（2021 年修订版）指出：目前高血压检测规范为收缩压≥130 毫米汞柱，或舒张压≥85 毫米汞柱。收缩压超过 130～139 毫米汞柱，或舒张压超过 85～89 毫米汞柱时，称为正常最高值，但必须询问医师。而由于很多原因都会对血压产生影响，所以检查、处理高血压都应该由医师进行。

一般成年人的平均腋下体温范围是 36℃～37℃，早晨略低，但下午稍高，在 24 小时内波动不大于 1℃；老年人体温略低，但月经期前及孕期的女性体温稍高；锻炼及饮食后体温会略高。体温超过正常范围称之为高热，多见于病毒感染、外伤、恶性肿瘤、脑血管意外和各种体腔内出血等。体温低于正常范围称之为体温过低，多见于休克、严重营养不良、甲状腺功能降低和过久暴露在低温条件下等。

一般在成人的平静状况下，呼吸频率约为 16～20 次/分，并随着年纪的增加而逐步降低。呼吸频率高于 24 次/分称为呼吸过快，多见于高热、疼痛、缺血、甲状腺功能亢进和心力衰竭等。呼吸频率少于 12 次/分称呼吸过慢，多见于颅内高压、麻醉药过量等。

成人男性的正常脉搏一般为 60～100 次/分，比女性的略快；幼儿一般为90次/分，婴幼儿最高可达130次/分；老年人变化较慢，为55~60次/分。脉搏变化的快慢，与年龄、性别、运动能力和心情等因素相关。

五、公务员的健康生活方式与行为

（一）勤洗手、常洗澡，不要共用毛巾和洗澡用品

适当的方法洗手，可以更有效地避免感染和传播病菌。每个人都应该养成勤洗手的良好习惯，特别是在制备饮食前、饭前便后、出门回来后，用干净的流动清水或者香皂洗手。勤梳头、勤理发、勤沐浴，可以有效去除头发中、皮肤表层、毛孔中的皮脂、皮屑等代谢物质和尘埃、病菌，同时还可以保护肌肤调节体温等，从而避免了肌肤的发炎、长癣。

洗头、沐浴和擦手的毛巾，均必须清洁，并做到为个人所独有，不能与其他人共用，以防止沙眼病、急性流行性结膜炎（俗称红眼病）等共同接触感染的情况产生；也不要与他人共用浴巾洗澡，防止感染皮肤病和性传播疾病。

（二）每天刷牙，饭后漱口

建议每日早、晚两次刷牙。但如果只刷一次，则宜选择在晚上睡前。采取合理的刷牙方式，并拒绝共用牙刷。要定期清洗牙刷，最好每三个月更换一遍牙刷。

进餐后要漱口，以便去除口内的食物残渣，以保护口腔的干净卫生。

（三）在打喷嚏时遮掩口鼻，不要随地吐痰

肺结核病、流行性感冒、流行性脑脊髓膜炎、麻疹等，普通呼吸道所感染的病菌可随病人咳嗽、打喷嚏、大嗓门讲话或随地吐痰时产生的飞沫进入空气，再传染给其他人。因此拒绝随地吐痰，在咳嗽、打喷嚏时要小心遮掩口鼻。这也是当今社会文明素质的体现。

（四）不在公共场合吸烟，保障不吸烟者免于被动吸烟的权利

WHO《烟草控制框架公约》中指出，接触二手烟雾（被动吸烟）会导致病变、功能损害，甚至致死。而被动吸烟并不具有所谓的“安全暴露”水平。在一个建筑物里，若分为吸烟区和非吸烟区将吸烟者与非吸烟者分离、净化室内空气或安装通风设备等，都不可以减少二手烟的危害。而如果将吸烟区设置在同一个建筑物里，二手烟就会经由供暖、通风、中央空调系统等传播到整个建筑物的不同角度。因此人们也无法完全借助通风技术来减少二手烟的危害，哪怕吸烟人再少，房间体积再大。只有无烟环境，才能真正有效地保障民众的身体健康。室内公共场合和工作场合全面禁烟是保障人们免于被动受烟草影响最行之有效的措施，同时也是对不吸烟者权利的最大保障。每一个吸烟者，在吸烟上瘾或尚无法戒烟之际，都不要在自己的亲人、好友和同学面前吸烟。吸烟也请在室外。

（五）少饮酒，不酗酒

酒基本上是纯的热能食品，不含有其他营养素。如果经常过度喝酒，会使人胃口减退，食物摄取量下降，进而引起各种营养素缺乏症、急慢性酒精中毒、酒精性脂肪肝等，严重时还会引起酒精性肝硬化。过度酗酒，还会增加罹患高血压、脑卒中等病症的危险性，并会引起事故

和暴力事件，对个人身心健康和社会安定产生相当大的影响。应禁止酗酒，并尽量饮用低度白酒，一般建议成人男子每日饮用酒的酒精含量不大于25克，成人女子则不大于15克。

（六）不滥用镇静安眠药和镇痛药等成瘾性药品

长时间或者不当服用镇静、催眠和止痛等药品会让人上瘾。药物成瘾会危害身心健康，严重时会改变人的心理、情感、意志和行动，并导致性格变化和各种精神障碍，以至发生急性中毒甚至致死。因此，要在医师的指导下，口服镇静催眠剂和镇痛药等成瘾性药品，严禁滥用。

（七）拒绝毒品

《中华人民共和国刑法》所称的毒品，包括鸦片、海洛因、甲基苯丙胺（冰毒）、生物碱吗啡、火麻、可卡因和我国法律规定管理的其他可以使人产生瘾癖的麻醉药品和精神药品。

毒品极易上瘾，有的人只要抽一根带有剧毒的香烟就会成瘾。成瘾者应当尽早戒毒。

毒品对健康有严重的危害性，吸毒不仅危害自己，同时也危害家庭、社会。防控毒品的危害，应当严格要求自己，坚决抵制毒品。

（八）讲究饮水健康，重视饮水安全

当生活饮用水被污染时，可以引起消化道内感染的产生，严重时甚至会引起中毒。保障人民身体健康，首先就要注意生活饮用水的安全。而保证生活饮用水安全，其关键就在于保证饮用水的来源。建议采用自来水。被污染的自来水净化或灭菌处理后，方可作为生活自来水。

（九）经常开窗通风

对维持身体健康而言，光线和清新的空气是不可或缺的。太阳光中的紫外线对许多致病细菌具有杀伤功能。同时，使居室定期接受日光照射，才能保证居室干燥，进而降低细菌、霉菌的滋生。接受日光照射也可以提高身体对钙的吸收能力。

通风不良的房屋，其细菌、病毒在房间内传染的概率会大大提高。定期开窗通气，以保持屋里空气流通，能够有效减少污秽、有害的室内空气，从而预防呼吸道感染病的发生，增进身体健康。

（十）饮食宜以谷类为主，多食用蔬菜水果和薯类，并注重平衡荤素比例配合

谷物食品，是世界各地居民传统饮食的主要组成部分，是对人体健康最好的基础食品，同时也是人类最经济的热能源泉。以谷物为主的饮食既能供给身体足够的热能，又可防止摄入过多的油脂，对心脑血管疾病、糖尿病和肿瘤等疾病的预防有着积极的作用。《中国居民膳食指南》指出成年人每天应摄入 250~400 克的谷类食物。蔬菜水果是维生素、矿物质、膳食纤维和植物化学物质的重要来源，薯类含有丰富的淀粉、膳食纤维以及多种维生素和矿物质。蔬菜、水果和薯类对保持身体健康，保持肠道正常功能，提高免疫力，降低罹患肥胖、糖尿病、高血压等慢性疾病风险具有重要作用。《中国居民膳食指南》还认为，成年人应每日食用蔬菜 300~500 克，水果 200~400 克。膳食包括谷物（米、面、杂粮等）和薯类，动物性食物（肉、禽、鱼、奶、蛋等），豆类和坚果（大豆、其他干豆类、花生、核桃等），蔬菜、水果，纯能量食物（动植物油、淀粉、糖、酒等）五类。虽然各种食品所提供的营养物质并不完全一致，但各种食品均至少能供给身体某种营养素，而任何一类天然食品均无法供给身体需要的所有营养素。由各种食品所构成的饮

食，可以满足身体不同营养需要，实现合理营养、增进身体健康的目的。

（十一）经常饮用牛奶、大豆及食品

奶类食物中营养元素全面，营养素构成配比合理，易于消化吸收，是人类膳食钙质的优良来源。儿童或少年饮奶可以促进其生长发育和骨质健康，从而推迟其在成人后出现骨质疏松的年龄；而中老年人饮奶则有助于降低其骨质流失，从而促进骨骼强健。建议每人每天喝奶 300 克并饮用足够数量的乳制品，而高血脂和超重肥胖症倾向者则应选用减脂、低脂、脱脂奶及制品。因为大豆中含有丰富的优质蛋白质、必需脂肪酸、B 族维生素、维生素 E 和膳食纤维等营养素，并富含植物磷脂、低聚糖以及异黄酮、植物固醇等各种人类所必需的植物化学物质。适量多食黄豆及其制品既有助于提高对优质蛋白质的摄取，又能避免因过多消费肉食所造成的不良影响。一般建议每人每天摄入 30～50 克黄豆以及足够数量的豆制品。

（十二）膳食要清淡少盐

过度摄入油盐，是中国城乡居民饮食上共同面临的问题。而过度地摄入油盐也和高血压病人的产生有关。油脂是人体内能源的主要来源，但过度摄食油脂也会增加患肥胖、高血脂、动脉粥样硬化以及各种慢性疾病的危险性。因此应该养成清淡少盐饮食的良好习惯，即饮食中不太油腻、不太咸，不摄取过多的动物性食品以及煎炸、烟熏、腌渍等食品。推荐的每人每天烹调油用量不超过 25 克，最高盐摄入量不超过 6 克（包括酱油、酱菜、酱中的含盐量）。

（十三）维持正常体型，防止超重和肥胖

常用体质指数（BMI）来判断体重是否正常。成年人正常体格指标一般在 18.5~23.9 千克/米左右。计算公式为：BMI＝重量（千克）/身高（米）。超重与肥胖都是心血管疾病、糖尿病以及某些癌症发生率上升的主要因素之一。而保持健康体型的两个最重要的因素是饮食量与运动，饮食供给身体的热能，而运动则消耗热能。一旦饮食量过大或运动量不够，过剩的热能就会在身体中以脂肪的形态积累下来，从而增加了体重，导致超重或肥胖；反之，若食量不够大，则因为身体热能不够导致体重过少或消瘦。因此体重过高和过低都是身体不健康的体现，可能会造成多种疾病，影响寿命。所以，应该在二者之间寻找一个平衡点，让摄入的能量既能达到机体需求，但又不能过剩，让体重保持在一个相对合适的范围内。

（十四）发病后要按时治疗，协助医师护理，并遵守医嘱用药

患病后要及早就医，早检查、早诊断，防止错失最好的治疗时机，这不仅可以减少病情发展对自身的损害，还能够节省所花费的成本。在治疗、恢复的过程中，一定要按照医师的诊疗方法，积极主动配合有关治疗。遵从医嘱，按时按量服用药物，根据医师的要求调整膳食、确定运动量、改变自身的情况。防止不适当的求医，同时采取各种方法就医，更要防止由于一知半解、道听途说而自我治愈。

（十五）不滥用抗生素

滥用抗生素通常包括不规范地应用、在条件不合理的情况下大量应用、超时超量应用、剂量不够或疗程不足等。大量滥用抗生素会造成抗生素耐药性，从而导致抗生素逐步失去原来的作用而对病情的治愈不起作用。有些抗生素滥用者还有相当的风险，如引起耳聋（特别是儿童）和病人体内菌群失调等甚至危及生命。但抗生素为处方药，因此应该在

医师的指导下合理使用。

（十六）饭菜一定要炒熟，蔬菜水果都要洗净

菜要烧熟炒透再食用。吃冰箱里的剩饭，应该重新彻底烧热再食用。碗筷等生活用具应当定时煮沸灭菌。生的蔬菜、果品可能沾染了病原菌、寄生虫卵、有毒有害物质，所以在生食前，应当浸泡约十分钟，然后再用经过清洁的自来水全部冲洗干净。

（十七）生、熟食品要分开存放和加工

在食物加工、储藏的过程中，必须注意生熟分离，如果用切过生食的刀具再切熟食品，用盛过生食的容器再盛放熟食品，熟食品就可能被生食上的病菌、寄生虫卵等所污染，严重危害人类身体健康。所以，要分别存放和加热生、熟食品，避免两者直接或间接地接触。

（十八）不吃变质或超出规定保质期的食物

食物储存期限的意思是在食品标签上注明的要求下，保证食品质量（品质）的期限。保质期内，食品质量必须符合国家有关法规。

任何食物的存放都是有时限的，长期存放或是使用错误的存放方法会使食物受到污染甚至变质。被污染和变质的食物绝对不要食用。即使长期在电冰箱内保存，也无法防止食物变质：在电冰箱储藏食品时，一定要注意生、熟分离，熟食品也要加盖贮藏。

避免吃过期食品。避免食用标识上没有生产厂家名称、地址、生产日期以及保质期的食物。

（十九）食用合格碘盐，以防治碘缺乏问题的疾病

碘缺乏病是由于自然环境中缺乏碘使人体内碘摄取不足而造成的。缺碘对人体最大的危害是影响人体智力发育。如严重缺少碘会引起儿童

生长发育不良、失智症等健康问题。妊娠期间缺乏碘不但会影响孕妇脑部的正常生长发育，而且还会导致早产、流产，影响胎儿，甚至导致胎儿畸形发育等。因此，坚持服用碘盐，可有效防治碘缺乏病。此外，在妊娠期间，哺乳女性以及幼儿还应该多食海带等含碘多的食品。在自然环境碘浓度较高地区的城市居民、甲状腺功能亢进患者、甲状腺炎病患者，以及少数群体还应该尽量减少碘的摄入量。

（二十）每年做一次健康体检

定期体检，就可以掌握人体健康状况，并及时发现身体问题和有关病症，从而有针对性地改善个人不好的行为习惯，从而降低身体患病风险；对于检查中出现的身体问题和病症，要把握时机及早采取治疗等措施。

（二十一）系安全带或戴头盔、不超速、不酒后驾驶能有效降低道路交通危害

在一般道路事故中，安全带能够减少40%~50%的直接受伤风险和40%~60%的致命受伤风险，戴上摩托车头盔则可以使头部的损伤及其严重程度减少大约70%。血液中乙醇浓度每提高2%，则威胁生命的路面撞击车祸风险就将提高一百倍。因此为了对自身负责，同时也是对社会负责、对家人负责，在驾车（或者乘车）时，一定要按照交通规定系安全带（或戴头盔），拒绝超车、拒绝疲劳驾驶、拒绝酒后驾驶。

六、“全健康”对公务员健康素养的提高

（一）健康素养的含义

《“健康中国2030”规划纲要》指出，到2030年“全民健康素养大

幅提高，健康生活方式得到全面普及，有利于健康的生产生活环境基本形成”。健康素养是指一个人有能力收集并掌握基本的保健资讯与服务，并做出合理的评估与选择，以便积极保护和提高自身的身体健康。它内涵颇丰，包括知识与理念素质、基本技能素质、基础医学素质、慢性病预防素质、传染病预防素质等。

健康素养是国民素质的主要标志。提高健康素养，是提高全民健康水平最基本、最经济、最有效的举措之一。没有谁的健康素养是与生俱来的，但都是必须持续培养的。提高个人身体健康素养，认识是基石，信心是动力，行动是目标。唯有整个社会的身体健康素养水准越来越高，方可托举起健康中华。

（二）措施

一是增加整个社会对健康素养培训的关注程度。在步入信息时代之后，人们信息交换的速率日益提高，这就直接提升了人的办事节奏和生命频率。对于忙碌的工作生活与日常生活，人们很难有时间开展有关的专业知识教学，养成良好的卫生素质与生活习惯。而时间就像海绵里的水，总会有缝隙的，唯有持续提升人们对健康素质的关注程度，才能提升健康素养水准，进而使更多的人有机会在休闲的时刻，主动地投入健康教学当中，提升健康知识水准，培养正确的健康意识，最后实现提高人类健康素养的目的。

二是大力开展全民健身素质提升行动。倡导并确立“健康教育先行”的理念，引领城乡居民共同确立科学健身观念，培育健康生活方式，营造全社会重视健身的良好氛围，着力建设健身文明。

三是抓好重点地区、关键人群、重点领域的健康教育与卫生促进工作。进一步做好对乡村地区儿童和老人等重点群体的健康教育工作。大力加强科学合理求医、用药和疾病防治等重要领域的健康素质教育管理工作。

四是民众要形成科学的养生价值观。经常翻阅保健类图书、欣赏保健类的影片等，并由此掌握卫生基础知识，熟悉常用传染病和慢性病的预防措施。正确对待保健与疾病，患病后应有效地加以科学护理，切勿迷信某些所谓的偏方、秘方，以防延误治病。

五是保护生态环境，不滥杀、扑食野生动物，践行人与动物、环境和谐共生的理念。

第七章

“全健康”与海南自贸港探索

一、“全健康”理念下的公共卫生治理对海南自贸港的探索

“全健康”理念既符合对自贸港内公共卫生管理新的要求，又符合自贸港建设过程中地方政府管理创新的客观需要。抗击新冠肺炎疫情，催生了以全健康为导向、创新的海南自贸港公共卫生治理，海南已完全有条件建设全球健康治理的国家示范区。

全健康作为新理念、新理论要在实践中成功落地至少需要：国家立法的保障，政府部门的意志，多部门统筹，多行业科技协同平台，以及具有人、生态和动物等健康领域跨行业专业知识和技能的专业人才。但目前鉴于以上多种因素，全健康理念在全球还处于初始阶段，且大部分国家未能融入政府的公共卫生管理体系，而中国全健康治理目前主要是在少数院校、国际疾控组织以及地方畜牧主管部门的科研层面，鲜见上升到政府部门层面。虽然技术上没有问题，但关键的是政府部门在全健康治理中应该担当主角，一旦政府部门的统筹不到位，全健康理念就无法实施。抗击新冠肺炎疫情，以全健康为导向创新海南自贸港公共卫生治理的条件已成熟，把海南打造成全健康治理全球示范区域是完全可

行的。

其一，抗击新冠肺炎疫情促成了各方共识。在海南自贸港建成的起锚扬帆之际，抗击新冠肺炎疫情既是一场对重大感染疫病防治全面、大规模实战，又是对全国各部门、各阶层、各领域全健康理念的实际灌输。大家都意识到从根本上解决重大感染防治问题，单靠地方卫生部门是完全行不通的，必须由政府领导多个部门和领域的领导人一起积极应对。习近平总书记强调："要做好较长时间应对外部环境变化的思想准备和工作准备。要坚持在常态化疫情防控中加快推进生产生活秩序全面恢复。"① 目前形成的各部门联防联控体制主要是在紧急状况下的临时对策，政府应该及时地将这个已被实践并证明是国家安全的体系制度固化下来并建立主动应对模式，这也是常态化的基本要求。

其二，海南自贸港建设项目中迫切需要做好重大公共卫生风险防范。要完善重大疫情防控体制机制，健全公共卫生应急管理体系。落实这一政策，对海南自贸港"一线放开、二线管住"尤为重要，中央在顶层设计中已将公共卫生风险防控纳入自贸港建设总体方案之中，一锤定音。海南省委省政府谋划长远，强调要按照"全省一盘棋、全岛同城化"的特点，优化公共卫生资源格局，加强基层基础建设，健全相应规章制度，完善人才培训体系和机制。

其三，公共卫生治理创新也可以成为海南自贸港建设机制创新的标志之一。制度创新是自贸港建设的核心任务。近几年的新冠肺炎疫情使中国成为控制公共卫生治理的世界领先者，而海南已经成为我国全方位

① 做好较长时间应对准备，习近平研判最新形势连提 12 个"要"［EB\OL］. 人民网，2020-04-09.

推进经济体制改革开放的重要实验区，我国本身也需要在高度的对外开放背景下重构现有公共卫生管理系统和机制，应该在抗击新冠肺炎疫情实践基础上更加大胆探索，为我国公共卫生治理积累更多的经验。海南自贸港应全面融入全健康理念，以政府治理体系和治理能力建设为切入点，建立全健康管理体系，促进卫生海南建设、生态文明建设、食品安全保障以及农产品加工和畜牧生产等各行业发展，而这本身就是创新。

其四，海南本身具备全健康制度创新的客观条件。海南是个热带的海岛地区，从天然地理条件看，孤悬在海上，位于南海前沿，又面对着东南亚，是海上丝绸之路的关键节点，人流、物流自由而便利，大量来自全球的人、动物、植物和农产品在岛内快速流转，高度流动性可能造成人畜共患病更频繁暴发传播的潜在风险也确实存在着。从疾病谱来看，疟疾、登革热、结核、肝炎等热带地区的传染病、人畜共患病本身也形成了对公众身体健康的主要风险，这就对全卫生机制的创新提供了很好的条件。

其五，海南自贸港的特殊政策为全面健康落地提供了有力保障。中央赋予自贸港一定的立法权，有效化解了政府整合相关立法资源这一难点，为落实全健康理念提供了法制保证；行政大部门负责制、简政放权、极简审批给整合分割的地方政府监管职权创造了机会。正是出于这样的考虑，海南自贸港的发展有了一条新思路：海南将全面导入全健康理念，以政府行政管理体制和管理创新能力的构建为切入点，从政府体制机制创新、跨学科合作与研发、人才培养、国际合作等方面构建起“全健康”体制，以促进卫生海南建设、生态文明建设、食品安全保障，以及农产品加工和畜牧生产等各行业发展。

以全健康管理为引领的海南自贸港公共卫生治理，将刷新三项首创：全健康理念是上升至健全法制、行政管理、科技体制、健康保障体系建设的国家级政策，在全国区域内实施全健康管理，是全世界上首个把全健康引入自贸港公共管理项目的国家，这在全球各国中均具有开创性意义和重要示范意义。

海南建设全健康治理全国示范地区也迎来了良好时机。应从以下方面入手：建设新型的城市公共卫生中心，在全岛统筹合理布局传染病医院，整合医与防、口岸合作和内陆环境、人和动物的卫生防治职能与资源；开展提升现场调查处理能力、信息分析能力、试验测试能力、急救能力和科研创新能力的有关项目；成立全卫生研究所，打造全健康的跨领域、多专业研发平台；编制全面健康管理计划、进行顶层设计；从能力培养和在职培训两个层次，积极储备全健康人员；启动全健康立法工作，研究出台“海南自由贸易港全健康条例”；深入开展全健康管理国际协作，利用WHO、世界银行等国际机构的帮助，积极打造海南全健康治理全国合作示范区域项目的建设。

二、“全健康”对海南自贸港的意义

（一）“全健康”理念对自贸港公共卫生治理创新的重要指导意义

“全健康”是人们在同环境疫病抗争实践过程中，逐渐形成的公共卫生治理新理念、新理论。生物学家们已证实，导致人体疾病的主要病原体60%来自动物，新发生和再发感染的70%则为人畜共患病，美国生物地理学家贾雷德·戴蒙德（Jared Diamond）认为：“人类疾病源自动物这一问题是构成今天人类健康的某些最重要问题的潜在原因，也是构成人类历史最普遍模式的潜在原因。”进入 21 世纪以来，人畜共患病、食品安全、抗生素耐药和污染都已成为严重影响人体健康的主要公共卫生问题，尤其是在近二十年间从 MERS、SARS、H7N9 大暴发到时下新冠肺炎疫情，更多的人意识到人、动物和环境健康都是互相联系的，因为人体健康、动物健康和环境健康都是与生俱来就互相联系的，而任何一个群体的健康质量都会直接和间接地影响另外两个群体的生存质量。通过统筹保健工作的三个方面，不但可以解决特定群体的基本保健问题，同时还可以找到问题的源头。所以，全健康鼓励跨学科、跨部门、跨地区的合作，以推动人体、动物与环境共同健康发展。全健康目前已经获得了世界卫生组织、世界粮农组织、世界动物卫生组织和世界银行等国际组织机构及世界上许多国家政府的拥护、支持，目前已有七个发达国家政府成立了全健康的相关组织，从开始关注于人畜共患病、食品安全与人类抗生素耐药性三个关键领域的研究，到现在延伸至生物入侵、环境污染、生物多样性丧失及其他领域。

从公共卫生治理的视角，我国抗击新冠肺炎疫情的经验和全健康理念至少有以下几方面高度契合：一是政府在公共卫生治理体系中扮演着至关重要的角色，省委决策、政府以指挥部形式统一调度指挥，政府及时转入一级应急状态；二是各政府部门共同参与，地方政府主要部门负责人直接参与中央抗疫指挥部，部门间协调配合的机制顺畅有效；三是临床医学、流行病学专家、基础全科医师共同冲锋向前，农学、畜牧、食品、环境等专家管天管地，多学科协同合作，各领域专家共同奉献；四是在措施上综合施治，严厉打击野生动物贸易、禁食野味，严格控制传染源、截断传染渠道、护理易感人群等，防治措施既针对人群又针对家禽动物等；五是向群众广泛普及健康的生活方法等。当然，抗击新冠肺炎疫情也暴露出我省的公共卫生存在的许多短板，多部门、跨领域的大型突发性公共卫生事件应急响应能力还不足，如重大慢性病防控管理、重要感染治理、基础医疗卫生防治等能力较低等问题，这恰恰是全健康计划专注于要破解的问题。可见，成功抗击新冠肺炎疫情彰显了全健康对自贸港公共卫生治理创新的重要指导意义。

（二）实现海南医药产业成为全健康行业增长极的具体途径

海南医药产业的发展提升之道，关键还在于要将已有的传统制造销售产业的成熟模式向二头拓展，即一端要向新产品开发、新科技研究创新方面发展，拓宽制造领域和生产区域，同时提高产品技术含量和等级；另一端则要向健康业务模式和服务范围迈进，通过集成有效资源拓展健康业务范畴，以形成新的全健康行业增长极。在此提供近期的一些实践路径，仅供参考。

第一，充分发挥博鳌乐城国际医疗旅游先行区先行先试的政策优势，加快引进和创新药品和医疗器械审评审批工作。国务院已批准给予博鳌乐城先行区内的“九条政策”目前仍有较大发展空间可资利用，海南省也正积极争取对“九条政策”落实并有突破性进展，先行区内优惠政策的政治、经济、社会效益将不断凸显。自 2019 年 6 月起，国家药监局和海南省政府召开了工作座谈会，共商推动在海南自贸区发展新医疗领域的发展大计，并自确定支持在乐城先行区内试点开展新约和医疗器械临床真实世界数据研究以来，已有一大批新药和医疗器械成功步入研发工作程序，超级医疗已经先行先试了“青光眼微创引流手术及其器械”等几十项医药科技和产业落地；特别是在博鳌先行区内召开的国内首个“永不落幕的进口医药技术产品展览”真正发挥了进口先行的示范作用。为此建议，海南药企要从四个方面入手融入这一重要的发展机会中，认真推进海口医药行业转化提升工作：一是要以加强进口医疗器械登记审核管理为目标，以国际临床真实世界数据研发与应用试验为抓手，积极建设好乐城国际医院的真实世界临床研发实验中心；二是要实施负面清单管理制度，推进国际特许医学创新科技研发和应用试验，以达到国际高端医学研究聚集目标；三是要争取国家非处方药和家庭用第二类医疗器械的特许进口注册准入申请和经销；四是要切实扩大从国外进口的保健食品、家庭护理用医药器械范围，有条件允许城市先行区内进口或使用在国外上市但国内未上市的特医商品，以促进乐城先行区内国际医药产品旅游消费的增长和增强市场竞争力。

第二，考虑由过去大量制造销售的抗生素一类化学药品，向开发生产抗菌生物制药类产品的转变。

第三，拓展现有医药产品范围与品类，以满足应对突发传染性流行病的医药物资供应保障能力。海南地区在药物领域一直面临着一个很大的问题便是产品线较为单一，主要以生化药物、抗生素药物等作为主打产品，没有生物医药、医疗器械、药品包材、原料辅品等相关环节，而近几年新冠肺炎疫情的考验也突出了供给不足的问题。有必要通过吸引海内外的先进研究机构和设备制造公司，在海南建设一些新型生物制剂、防护产品与医疗器械等的配套公司，特别是要尽快吸纳外国资本与技术建立至少一家专门制造综合性安全服务保障仪器的大中型医疗仪器设备生产和营销企业，便于形成海南区域内医药产业中比较完善的产业链条，以确保把自贸港建设中赋予海南的“国家重大战略服务保障区”

功能作用发挥到位。

第四，抓住疫病防治需要，建设和健全海南的紧急医疗物品仓储供应系统和扶持建立大型现代药品物流配送公司。

第五，要深入挖掘海南地区的海洋生态资源条件，在不损害资源的前提下合理利用南药黎药中药材和海洋生物等资源。众所周知，海南岛具有三千多种高药用价值的植物，在这里研制和发现有效的天然药用产物的潜力巨大，对南药黎药栽培与利用方面可有所作为。目前就有科研机构把海南地产的沉香、石斛等中药材进行产业化研究，已经受到了省政府领导的关心和高度重视，并作为城乡统筹发展和美好新农村建设的重要推动产品。另外，由于海南有着近 200 万平方千米的广阔南海，通过对大量的海洋生物资源的研究与开发利用可以形成大量天然的养生保健产品，这的确是我们的发展短板亟须突破，也希望在医药领域的有识之士们先行一步开展研究与探讨。

第六，走中医药结合的集团化发展之路，加速向大健康和全健康行业转变，建立新的行业增长极。近年来，海南省委省政府已经制定了多项健康服务业的发展计划以及有关配套优惠政策和举措，积极引导国内药企以及其他专业公司转型投身海南的健康产业发展行列。由于医药产业本身是大健康产业与整个健康行业发展的核心和基石，现在积极引导与帮助更多的药企将生产销售产品和开展健康业务紧密地结合起来，利用互联网、信息化技术进行更多更直接的健康业务已经是未来发展的大趋势，因此海南医药行业也必须不断争做排头兵。将医药企业和医疗机构融合建立新型的健康医药集团也是未来的发展之道，国内的部分大药企已经在这方面进行了积极探索。

海南医药公司应该紧紧抓住海南发展大健康和全健康产业机会，积极争取通过整合更多医药健康、金融资本和创新科技、新产业资源形成若干健康医药集团，通过积极整合更多的卫生服务要素资源，形成海南大健康产业和全健康产业发展的核心能力，从而形成新一轮的大健康产业增长极。

（三）促进国家建立以预防发展为主的全健康治理新格局

自贸港的建设给卫生健康保障带来了严峻的挑战，也给卫生健康事业发展带来了重大的发展机遇。谋划自贸港卫生保健行业的建设布局，必须从党的十九届四中全会以来推动我国防治体制建设和政府管理能力现代化战略的高地入手，根据习近平总书记在世界新冠肺炎疫情暴发之前的一系列指示，并根据省委省政府的总体战略部署，改造和完善政府现有机制，进一步完善地方政府公共卫生安全与公共服务责任主体职能，逐步形成地方政府统筹监督管理，地方政府部门依法监管、职责清晰、任务具体及覆盖全区域、全群体、全机制的政府卫生管理体制。要在“三区一中心”总体布局架构下，把卫生健康事业的发展和国家建设自贸港的路线、方针、政策有机结合起来，把健康充分融入“三区一中心”的国家大战略当中，认真履行好公共卫生健康安全责任和基本医疗卫生服务任务，进一步加强公共卫生健康与生物安全保护，巩固基础，补齐短板，健全制度，整合社会资源，进一步增强公共卫生安全的科学研究能力、应对能力和监督管理能力，逐步建立健全覆盖我省城乡人民的慢性病与重大卫生风险监控网络；必须强化慢性病防治控制与公共卫生服务能力建设，协调与推动医药健康业务供给侧的结构性变革，不断健全发展以预防为主、防控结合的健康服务体系，并系统形成了自贸港健康事业高质量发展的新格局。

（四）推进自贸港卫生健康事业迈上新台阶

随着自贸港政策措施的逐步落实及国内外的人才、物力等资源流动日益频繁，海南所存在的重大公共卫生安全风险也将逐步加剧，因此必须认真总结新冠肺炎疫情防治工作流程中暴露出来的短板，进一步抓好补短板、堵漏洞、强弱项工作，健全重大疫病防治体系机制，完善重大公共卫生急救体系。同时，发挥中国的体制优越性，逐步明晰自贸港建立与发展过程中健康卫生事业发展的全新定位，并赋予自贸港建设工作以全新内容，进一步激励和带动地方政府各级机关、社会各界，继续不忘初衷，牢记责任，以问题为导向，认识和化解在卫生健康领域出现的新问题，统筹提升全健康治理实力，有效回应人民群众对生命健康的关注，不断增强人民群众对医疗卫生服务的得到感和满意度，扎实推动自贸港卫生健康等各项事业迈向新台阶。

三、打造“全健康”治理示范区域的创新思路

一是立法体制创新。中国目前关乎人、动物以及家禽家畜健康的法规，主要包括《传染病防治法》《药品管理法》《动物防疫法》《畜牧法》《食品安全法》《农产品质量安全法》《草原法》《生物安全法》等，但由于各行政部门制定具有鲜明的政府部门痕迹，立法之间也常常缺少合理衔接，而留下立法空缺或自相矛盾的地方。海南将全面运用法律执行权，出台一套全面反映国家全卫生治理理念、基于有效防治公共卫生风险的海南自贸港全健康条例，进一步理顺公共卫生的有关法律体制，以做到公共卫生政策与法律之间的无缝衔接，为消除法律空白点，

需健全法律规定，强化生态安全管控，包括生物资源的制造、运输与转化，同时从源头上遏制食用野生动物，严厉打击不法野生动物贸易。

二是政府的管理创新。政府成立公共卫生委员会，吸收涉及健康、农业、林业、畜牧、药监、环境保护、交通运输、口岸检疫、市场监管和医保行政部门参与，成为政府常设的综合协调议事行政决策机关，专注于共同促进人与动物的身体健康，共同保障与促进生态环境建设，并承担综合协调公共健康，保健行政管理机构承担办公室的日常管理工作。

三是公共卫生体系创新。根据高效快捷、平战结合的原则，根据自贸港“一线放开、二线管住”的监管特点，全面重构了公共卫生应急管理体系、疾控管理体系、医学救护管理体系、教师训练与物品储存管理体系。应急体系中重点要解决疫病的预测警报问题，使目前疫病预告、警报工作由传统疾控系统报告单线操作制变为疾控系统与医疗单位报告双线操作制，切实发挥医护单位的前哨点监督功能，最大限度地避免疫病的漏报现象；将现有疫病预防中心一分为二，将行政管理职能部门和卫生行政管理机构重组为国家卫健委疾控局，并与口岸检疫部门融合，赋予相对单独的行政职权；“科技服务部门”改称“公共卫生中心”，并与有关人体、动物和环境卫生的科技组织合并，成为事业性的公共卫生技术组织。教学训练体系，一方面是医学系开始训练具备强烈公共卫生意识和流行病学功底的医学生，并强化热带传染病、人畜共患病等疾病防治基础知识课程的建设；另一方面是对全省在职医务人员开展治疗临床流行病学、热带传染病、人畜共患病以及院感预防等基础知识的全面训练。

四是技术支持创新。依托海南医学院设立全健康研究所，建立与临床医学、流行病学、检验检疫、畜牧兽医学、食物营养与环境卫生专业人员学术交流与科研合作工作平台，集成科学研究能力，设置重大专项，促进各专业的联合攻关研究。在海南医学院设立全健康相关学科，研究并培养复合、交叉学科的硕士生，培育全面卫生预防研究和临床复合管理人才。

五是社区管理创新。更广泛地吸纳社会群众代表参与，把政府单位原来做的健康街区、卫生村镇、卫生城市、健康城市等的评选工作交由社区去做，并引导社区进行对卫生市民、健康家园等的评比工作，使社区真正成为公共健康与社会促进的“权威机构”，以体现政府主导下的健康社区管理创新模式。遵循共建、共治、共享的原则，将社区作为公共卫生治理的基础单位，引导市民充分地发挥主人翁功能，共同构建公共卫生公序良治。

六是国际协作创新。设立全健康国际协作中心，负责动态监控全世界疫情与卫生信息，并构建各国与地方政府间的防疫信息交流机制，使“防疫情输入”形成新常态；依托高校建设全健康类学术期刊和网络，成立中国世界全健康联合会，积极拓展我国在全健康领域的全球影响力；设立博鳌世界全健康论坛，积极扛起全健康旗帜，推动全健康理论研究与实践，发出全健康的海南声音，讲述好全健康的中国故事。

四、“全健康”与海南生态文明建设

（一）生态是海南建设自由贸易港的优势

生态建设对海南的重要性也非同寻常。海南位于热带，有着辽阔的海洋和丰厚的资源，这也是大自然带给海南人民最珍贵的礼物。从我国总体战略出发，海南也要深入摸索生态文明建设和生态环保体制和管理能力的现代化，积极推行“海南模式”，为我国生态文明建设做出表率。从海南区域发展的局部考虑，海南也将发挥生态环境的发展优势，充分利用好宝贵的环境资源以促进整个经济的健康发展。可以说，良好的自然环境条件是海南腾飞与发展的基础前提。海南自由贸易港建设就是要在维护自然生态环境过程中，不断追求地区经济健康、稳定、可持续的发展，同时要在经济社会发展的过程中进一步维护自然生态环境。

海南是我国最大的经济特区，地理位置独特，拥有全国最好的生态环境，同时又是相对独立的地理单元，具有成为全国改革开放试验田的独特优势。海南在我国改革开放和社会主义现代化建设大局中具有特殊地位和重要作用。作为经济特区和生态文明试验区，海南既不能为了经济发展而舍弃生态环境，又不能为了生态环境而使经济停滞不前。如何处理好、权衡好、协调好两者之间的关系成为海南发展需要解决的主要矛盾，而打破这一困境的关键就在于利用好生态这一优势。人不负青山，青山定不负人。所以绿水青山既是自然财产，又是经济财产。因此，保持自然的生态环境就是保存生产力，提高生态环境保护水平就是发展生产力。优越的生态环境是海南的金字招牌，是海南在我国特色社会主义新时期实现永续健康发展的最大优势，是海南建设全球先进自贸港的最大本钱。海南要保持生态立省不动摇，保持绿色发展不动摇，贯彻资源节约优先、环境保护优先、自然修复为主的发展策略，以生态文明建设引领经济社会发展，确保海南生态环境质量长期保持全国领先水平。

充分发挥生态优势是海南建好自由贸易港的关键。首先，优越的自然环境可以吸引高新科技企业、跨国公司落户，形成具有魅力的营商环境。一流的营商环境是吸引投资的关键因素。海南若要形成现代化、高水平、便利化的营商环境，除要营建高自由度、低成本、相对宽松的经济政策环境以外，还必须建设山清水秀、风景如画、舒适宜人的自然环境。其一，良好的自然环境是企业建设一流营商环境的前提条件。良好的生态环境是海南招商引资的硬件优势，是企业经营发展的“沃土”。海南要落实世界最严格的生态环境保护体制机制，进一步加强生态环境保护立法、司法、执法保障，深化环境监理制度和大数据分析建设，全面执行“非禁即入”的审批登记原则，建立健全行业市场准入制度和产业负面清单，全面禁止高能耗、重污染、超高排放等产业的经营和发展活动，为营造公平竞争的营商环境和公平透明的投资环境保驾护航。其二，一流的营商环境可以优化生态环境，建立绿色的生态产业链条。海南要积极发展新型信息工业与大数字经济，贯彻落实国家“多规合一”改革试点政策，结合“互联网+”行动与大数据战略，以“高能效，低能耗”为标准，以培育、吸引高新技术企业为核心，建立开放共享的产业资源服务平台，构建科技型、创新型企业培育库，完善贸易投资、科技金融体系建设，将“低碳、环保、可持续”的经营理念纳入产业的整体发展中，积极推动产业结构优化升级，建立完整的绿色产业链条，积极推动海洋生态环境的优化发展和环境保护。其三，一流的营商环境可以吸纳大量国内外人才进入。海南要积极思考留住外国来琼人员的创业、就业和出国移民人才的政策，逐步完善社会主义市场化人才资源配置制度，积极提供国际人力资源信息交流平台，支持国外的留学人员来琼交流学习，积极引导国外的高等教育组织、单位来琼办学。其次，海南可以制定离岸交易政策。海南的特殊地缘区位对我国的海洋发展战略地位至关重要，它既是国家主管南海事宜的重要前沿阵地，是中国通往太平洋的必由之路，又是二十一世纪中国海上丝绸之路的关键枢纽。而自然的海上岛屿条件，有利于海南在自由贸易港的构建中实行以“零关税”为根本特征的税目优惠政策和对全岛闭关运作的海关监管等特殊政策。在“一线放开，二线管住，岛内自由”的原则下，重点发展离岸金融服务产品和跨境数据贸易产品，强化金融政策支持能力，丰富金融品种，拓展金融国内外交易服务业务，健全国际金融服务保障体系，以提升吸引外资的能力；整合全国港口、航运等资源，以提高海洋资源的综合效率，加速培育发展新型的海洋业态，加强海洋环保。

（二）坚守生态底线防控生态风险

海南建成国际自由贸易港，生态是“出发点”，发展则是“归属点”。就大自然这个客体而言，防范生态风险就是为了维护好人们赖以生存的家园，而不要把环境污染问题变成民生之患、民生之殇。就人们这个主体来说，也就是要确立“生态根基”的发展理念，增强全民环保意识、节约意识、生态意识，守住生态保护红线、环境质量底线和资源利用上线，保护绿水青山这个“金饭碗”。

防治生态风险主要包括“治理”“管控”“应急”三个核心要素。首先，“治理”又可以界定为环境治理和生态恢复两个方面。一方面，环境治理解决的主要是土地资源消耗所带来的环境损害、环境污染等问题。对海南来说，正是要全力以赴打赢“天蓝、碧水、净土、青山”

四大保卫战，着力化解生态文明建设中突出的环保问题，把环境整治规划、防治预案等落到实处。以污染整治工作为例，海南出台并落实了《海南省2019年度水污染防治工作计划》，加大污水问题的治理力度，重点整治29个市（县）的污水治理任务，使得城镇内河（湖）水体水质达标率升至88.3%，同比上升6.4个百分点，治理效果显著。另一方面，生态修复解决的是自然资源如何永续利用的问题。如果说环境治理是“止血镇痛”，那么生态修复就是“消炎化脓”。依据《海南省全面加强生态环境保护坚决打好污染防治攻坚战行动方案》的有关规定，海南将重点实施热带雨林、湿地、海域岸线等自然资源全方位的修复与保护，加快复原自然风貌与维护生态平衡。其次，“管控”就是要实行最严格的进口、出口环境安全准入管理体制，真正实现从源头上的把控。“三线一单”是海南省实施环境准入的原则，其中“三线”是指生态保护红线、环境质量底线和资源利用上线，“一单”是指生态环境准入清单。在该准入原则的指导下，不断深入推进生态环境管理工作，强化环境执法的力度，严管排污排放，优化环境问题投诉处理机制。最后，“应急”即一方面要加强对生态风险的辨识、监督和预警，建立完善重大突发性生态环境事故的应对配套措施。另一方面，既要加大地方政府部门的监督力量，同时还要发动与生态环保有关的社会团体、组织辅助监督工作，更要通过宣传、引导，促使广大人民群众积极参与对生态环保的监督行动，在生态文明建设过程中真正维护好广大人民群众的环境权益。但是，增强防控严重环境危害的应对能力，不但要形成一整套有效的防控预警制度，还要增强生态环境监管的信息透明化，加大环境危害防治的教育力度，增强民众对于有关常识的认知和掌握，为生态文明建设事业筑牢民众基石。

总而言之，有效防治海洋生态风险不仅是将海南建成国际海洋生态文明实验区的主要内涵，更是构建自由贸易港的主要保证。海南要坚定确立并实施“绿水青山就是金山银山”的发展理念，坚持生态底线，加强环境监督管理和风险预警，积极推动向生态环境监督体系转型提升；积极推进向绿色产品、生活方式的全面转型，加强环境污染综合治理，优化产业结构，重视节能减排，倡导绿色消费，让全岛人民在绿色环境的拥抱下健康发展、幸福生活，打造“全健康的海南”。

下篇 02

自贸港全健康治理实践

第八章

“全健康”治理研究概述

一、研究背景

海岸线是海洋和陆地的分水岭，有着巨大的生态功能和资源价值，是中国发展海洋经济的重要前沿阵地。由于中国经济社会的发展与前进，人们在经济上获得了很大的发展，开始对海砂、海盐等海洋资源加以掠夺式开采，同时围海造田、近海养殖和环境污染等问题日趋严重，尤其是近海养殖问题。党的十八大明确将生态文明建设摆在突出战略地位，并渗透到经济建设、政治建设、文化建设、社会建设的各方面和全过程。近年来，尤其是新冠肺炎疫情暴发后，“全健康”理念的提出更加强调了人类、生物和环境的和谐相处。近海养殖对自然环境的危害很大，人们应该秉持“绿水青山就是金山银山”的理念，积极保护海洋环境，保护人们赖以生存的自然环境。在生态环境治理面前，政府部门的管理需要和普通百姓的生活需求之间虽然存在一些冲突，但怀抱着“绿水青山就是金山银山”的理念，给子孙后代留下一块净土的共同愿景，使这些矛盾能够得到妥善解决，是政府既关注生态修复又关注百姓民生的人性化治理理念的体现。在“十四五”期间，海南将强化陆海协同的生态空间管控，以海岸线为轴，充分考虑河口区域，研究划定海陆衔接的空间管控单元，建立差别化管控措施；优化海岸一带生产、生活环境和生态空间布局，并实行最严厉的围垦区土地控制和海岸线开发控制体系；建立健全陆海统筹的生态环境规划、标准和检测评价体系，研究出台陆海衔接的监测技术规范和评价标准；构建“流域—河口（海湾）—近海—远海”系统保护和污染防治联动机制；构建“流域—河口（海湾）—近海—远海”系统保护和污染防治联动机制；建立“纳污水体—入河（海）排污口—排污管线—污染源”全链条管理体系。“美丽海湾”先行示范区是“十四五”期间海南生态环境保护工作的重点之一，海南将开展海洋生物多样性调查与观测，加强海洋各类保护地建设和规范管理，在公众亲海区域严格落实海岸建筑退缩线制度。海南还将系统实施入海排污口溯源整治，进行海上塑料废弃物和微塑料污染物状况研究和对附近海域生态环境的影响性评估；开展“一湾一策”精准治理；编制海水养殖连片聚集区建设规划，以生态环境保护和资源持续利用为前提，合理确定养殖种类、模式和规模；强化海岸线环境保护和使用的管理工作，对于开辟海洋蓝色经济空间、维护海域自然环境以及构建“美丽中国”“全健康的海南”都有着重大意义。

二、研究目的及意义

笔者通过对琼海市长坡镇近海养殖的现状进行分析，了解了长坡镇海面、滩涂污染的情况，有效解决海面抗生素污染，还需退殖还滩。笔者将长坡镇海水养殖业系统理论整合，并与现实环境相结合，剖析存在的问题并提出处理措施，为海南省近海水产养殖业提供建议，为生态修复提供参考，也为其他区域提供借鉴。

首先，通过促进海洋可持续性渔业发展的目标，改变近海养殖资源环境，并探寻海洋畜牧业可持续发展的新途径，提高渔民收益，渔民转业后收入更高，进而实现退滩还林。其次，需求的升级和技术的迭代大幅度地改变了我们的产业面貌，沿岸养殖业的高回报和规模化发展让家家户户的生活条件上了一个台阶，但在人们不断向自然攫取财富时断不能过河拆桥，要在满足当代人发展的同时兼顾后代人的发展需求，在满足人类幸福生活的同时兼顾生物的繁衍和发展，在满足经济快速发展的同时兼顾人、动物、生态环境，从而达到“全健康”的发展理念。

三、国内外研究现状

海岸线是指海洋多年大潮与平均高潮位置的海陆界线，[1] 目前，对海岸线遥感的研究重点主要集中在两个方面：一是通过遥感的海岸线信息获取方法，二是对海岸线空间特征变化进行分析，针对这两个方面，国内外学术界已经开展了大量的科学研究工作。

（一）海岸线提取遥感研究

遥感技术因受地面条件干扰程度较小，数据信息量大，而且具备了时效率和经济型的优点，[2-3] 所以在海岸线监控中发挥着很大的作用。目前，美国国家海洋海岸线研究所用的遥感技术图像数据主要有Landsat、QuickBird、IKONOS、ASTER、HJ和SAR影像等。[4]

海岸线信息提取方法主要有目视解译和电脑自动获取。目视解译法是指严格地按照海岸线的特征定义，并利用遥感图像中各种类型海岸线的特征，利用人机交互判读系统获得海岸线信号，以此判断海岸线的具体部位与种类。例如，武芳等人利用 Landsat TM/ETM 和 CEBERS-02B 等资料，提出了最适用于辽东湾顶部海岸线的资料提取原则，将海岸线划分为人工海岸线、基岩海岸线、砂子海岸线等，并研究了海岸线的空间演变差异。[5]徐进勇等人通过采用不同的判断方式和制图标准，掌握了中国北方各种类型的海岸线特点，并分析了我国海岸线长期变化的主要原因。[6]杨磊等人通过使用 TM 图像，按照我国现行的海岸线信号解释准则，确定了我国南方大陆海岸线信号的五个阶段，并利用场位选择证明了提取结果的正确性。[7]闫秋双等人通过使用目视解译法，在苏沪岸段和 Landsat 的图像中获得海岸线，并使用 SPOT-5 号和 GF-1 卫星数据对海岸线进行不确定性分析。[8]陈晓英等人利用人机的交互解释成功获取了三门湾海岸线，并使用“908 专项”海岸线调查资料提取结果，证明了准确性。[9]杨雷等人通过 SPOT-5 和 GF-1 的高分辨率遥感图像获取了珠海市海岸线的分布信息，并将海岸线分类为十二种不同类别。[10] Mujabar 等人在目视检查解译结果的基础上，运用 IRS 和 Landsat 的大数据分析，成功获得了印度根尼亚古马里与图蒂哥灵之间的海岸线信号，并解析了海岸线侵蚀现象。[11]

电脑自动获取技术是指对遥感图像进行数字图像处理后，进而通过阈值切割、边界检查、Snake 模拟等方式获取海岸线信息。例如，瞿继双教授就提出了一个阈值形态学划分方式，将接受过阈值观测后的单一地区重新划分为内河、沿海地区和外海岸线，进而通过形态学算子对单一地区加以去噪，以便获得更为精确的外海岸线结论，这相较传统的阈值测量方法来说更加准确。[12]邓江生等人通过采用 Ostu 阈值划分法，从港口区域的遥感图像中提取边界线，并将提取结果与原始地图进行叠加后，以表明该方法所得到的海岸线地图比较准确。[13] Choung 等人使用了阈值划分方式，从 NDWI 图片中获取海岸线特征信息，并评价了各种类海岸线的历史发展情况。[14] 马小峰、王李娟、Maged Bouchahma 等人以 Landsat TM/ETM 影像技术为主要数据分析源，运用 Canny 等边缘检测算子技术进行了海岸线获取，检测与评价了海岸线的获取效果。[15-17] 冯兰娣、刘鹏等人通过对多尺度的小波变换边缘线捕获算法，剖析了利用小波变换获得海岸线的可能性和优点，由此进一步提高了对海岸线所获得的精确度。[18-19] 王常颖等人首先运用决策树法对沿海地区开展了地物划分，接着通过密度聚类方法对划分成果实行后处理过程，最后运用经过处理后的影像资源和海陆位置从边界点中提取出来。[20] 陈竑宇、张宏伟等人选择了主动轮廓建模的方法，对光学与遥感影像开展了海岸线边界获取，取得了较好的获取成效。[21-22] 郭风生等人还利用经过改良的主动轮廓模式对 SAR 遥感影片实行边界拟合，从而降低了噪声对海岸线成果的危害。[23]

（二）海岸线变迁分析研究

国内外对海岸线变化的研究主要集中在从时间和空间上分析海岸线变化特征，如海岸线长度变化、海岸线变化率和变化强度，并结合社会经济统计等数据分析海岸线变化的原因。

国内学者通过利用 Landsat 图像处理技术和有关地图数据的分析，收集了从 1960 年至 2014 年六个阶段的历史数据，以中国同波斯尼亚和黑塞哥维那海岸线的历史数据为基础，并从海岸线空间结构、海岸线变化率、海陆格局等方面分析了中国同波斯尼亚和黑塞哥维那海岸线的空间发展特点。赖志坤等人还提出了海岸线与变迁速率间的灰关联分析方法。[24]冯永玖等对九段沙海岸线的预测成果，完成了对海岸线宽度、岸线分形维数和沙洲国土面积等的统计分析，并定量分析了九段沙海岸线变迁的规律趋势。[25]许宁计算了整个环渤海地区的海岸线分形维数，并通过分析海岸线形态的演化特征，进一步探究了海岸线分形维数与沿线地貌发展演变中的相互关联。[3]施婷婷等人运用人机交互解释得出泉州市港在六个时间的海岸线布置结论，并统计泉州市港海岸线的变化率以及分形维数和海面的改变面积，由此解析海岸线变化的主要驱动原因，并找到了人工活动对海岸线变化产生影响的原因。[26]切斯特（Cheste）和杰克逊（Jackson）等人利用 AMBUR R 包，定量分析了美国哲基尔岛海岸线的变化距离与速率，从而预测了美国海岸线的变迁。[27] E R Thieler 等人使用数值海岸线分析系统（DSAS）统计了海岸线的端点变动速度。[28] F J Aguilar 等人测量了净海岸线移动位置间距（NSM）和海岸线端点移动位置速度（EPR），并对这两个数据结果做了详尽的对比，从而再次评价了地中海海滩岸线趋势。[29]

（三）海南岛海岸线变迁研究

国内外研究者运用遥感技术，对海南岛海岸线演变进行了深入研究，重点涉及对海南岛海岸线的提取方式研究以及对海岸线演变特点和成因解析。

在对海岸线资源获得方式的深入研究工作方面，梁超、段依妮等人分别采用了目视解译的方式对三亚湾海岸线资源加以收集，当中段依妮首先选择了与季节变化相似、与月度变化趋势和持续时间相近、与成像时刻差小的遥感摄像，因而降低了海洋潮汐变化规律对海岸线资源获得精度的负面影响。[30]顾智等以海南新邨潟湖和黎安潟湖为重要的研究区域，以 Landsat OLI 遥感技术影像资料为重要数据信息源，运用先进影像处理科技，使用 Canny 边缘检测算法获得水边界信号，并进行潮汐校正与精度检测，从而得到了最终的海岸线结果。[31] 在海岸线的变迁特征和主要原因分析方面，丁式江等人利用了 1991 年和 2001 年的 2 期 Landsat TM 影片，并根据实地考察资源，剖析了海南岛中西部海岸线变迁的原因。[32] 姚晓静等以 1980—2010 年的 4 期 Landsat 卫星影像资源为统计源，用基线法解析了海南岛最近三十多年间的海岸线变化情况，并根据海口、三亚市等海岸线变化最突出的区域进行了具体原因解析。[33] 通过 27 景 Landsat 遥感技术的应用影像，包萌按照对海岸线的解译标记与信息提取原则，对海南岛在 1973—2013 年的 6 期影像做了海岸线信息提取，并选取了沙子、入海口处、潟湖、红树林等四个代表性岸段加以分析，从而发现了海岸线的演变特点与成因。[34] 田会波等人利用对万宁市东部海岸线的长时间动态观察，重新分析了海岸线侵蚀情况，并认为自然环境因素才是海岸线侵蚀的最长期危害因素，而人为因素则是短期内海岸线侵蚀的最主要因素。[35] 李刚等对海南岛东南部岸线进行了分区分析，并发现城市外围填海建设和鱼塘养殖等给海岸线侵蚀问题带来了无法忽视的危害。[36]

（四）海岸线资源环境损害研究

在海岸线资源环境损害问题诊断研究方面，如 Mark R. Byrnes 等对美军西佛罗里达海岸线进行研究，发现美军海岸线的速度改变主要是与防波堤的修建和沿海泥沙输运量相关，从而构建了定性描述和定量分析有机组合的海洋环境评价模型。[37] Omer 与 Yuksek 等人分析了土耳其在黑海东岸的海岸腐蚀与后退现象，提出了人工取矿与填滨造地是导致沿岸腐蚀的最主要因素，并给出了减缓岸滩腐蚀的方法对策。[38] Todd L. Walton Jr 运用奇欧分析法（even odd analysis）研究了中国沿海输沙复杂状况下的海岸线变迁，并研究了近海建设、航道浚深等对海岸线变化的影响。[39] Thampanya 等人用海洋横断面变化和遥感时间序列的资料，调查了泰国西部沿海红树林的存在和海岸线变迁的情况关联。[40]

在海岸线保护研究的领域，当前有部分学者和专家提出了相应对策和意见。例如有学者建议从海洋生态视角运用红树林等方式开展海洋生态环境保护。朱燕玲、袁琳等人从海洋生态系统的视角，构建了海岸带生态系统的退化与诊断方法。[41-42] 侯西勇等人指出对中国海岸线资源的合理利用与环境保护，是中国海岸带综合管理的核心任务之一。[43] 寻晨曦、张志卫等人提出了科学评价海岸线的生态服务价格（ESV）方法更有利于海岸线的维护与管理。[44]

四、研究方法

（一）访谈法

主要是对琼海市长坡镇居民（养殖渔民）采用访谈的形式，调查关于近海养殖、退殖还滩的情况。

（二）文献法

利用检索与收集到的国内外关于海岸线滩涂退殖还滩生态修复的相关文献资料以及研究成果，了解当前的研究状况，明确一些相关概念，为本研究提供建议。

（三）观察法

实地考察琼海市长坡镇多个港湾滩涂，直观各个地方的滩涂破坏程度、海面污染程度等，寻找治理路径和对策。

五、相关概念

（一）海岸线

根据《我国近海海洋综合调查与评价专项海岸线修测技术规程》规定，海岸线是指平均大潮高潮时水陆界线的痕迹线，即全国平均大潮高潮线。

（二）近海养殖

近海养殖是指在近岸或浅水的地方，运用各种饲养方法如虾池、网箱、浮筏、定置网具等开展的不同形态和水平的饲养活动。发达国家大多采取密集型饲养法，其饲养水平受市场与资源争夺所驱使，但这种状况将会继续一段时间；而发展中国家多以分散型或半密集型饲养法为主，尽管占用的水域面积较大，但由于管理条件不好，生产率也不高。

（三）退殖还滩

退殖还滩是指将由于近海养殖而被破坏污染的沙、海滩，有计划、分步骤地停止近海养殖，目的是保护和改善海岸线，从而恢复沙滩海滩生态环境。

（四）抗生素

抗生素（antibiotics）是在其生命周期中或通过某些方法所形成的有机化合物，它在较小的微观浓度下选择性地控制并影响了某些生命体的生长功能。[45]在养殖业方面，抗生素也被加入动物饲养中，以避免动物疫病传染并促进繁殖；在医学方面，抗生素被用于防治细菌和真菌感染，抵抗癌症和增强抵抗力。[46]进入 20 世纪以来，抗生素已被广泛应用于医学、畜牧业和水产养殖等领域。

（五）红树林

红树林是指生长于热带、亚热带低能海潮间带的木本植物群落，对全球环境和气候变化具有重要的指示作用，在维持海岸生物多样性、保护海岸带环境、防风固堤、护滩促淤、净化海岸水环境等方面具有极为重要的作用，同时具有重要的生态、社会、经济和景观价值。[47] 近年来，由于近海养殖和土地的开发，红树林也越来越少了。

（六）海岸整治修复

海岸整治修复是指通过对滥用海岸资源的一般管制措施对已退化和被破坏的海岸环境加以修复与恢复，以修复海岸生态功能，并增加对海岸资源的利用效率。重点领域涉及海岸侵害预防、海滩保护、海岸地貌景观修复、岸边建筑物拆迁和清淤等。海岸整治恢复工程不仅是中国海岸资源生态恢复研究的一个崭新领域，也是一个崭新的海岸资源系统工程类别，不少研究人员开展了深入的探讨与分析，内容涵盖了海岸线破坏诊断与修复措施、岸线资源调查设计与生态修复、岸线恢复与还原的关键技术、岸线恢复与还原环境影响的评价及管理等方面，为中国海岸资源整治恢复工程开展提供了有力的技术支持，但也面临着部分学术短板与不足的情况。

六、研究思路

本章的研究思路如图 8-1 所示。

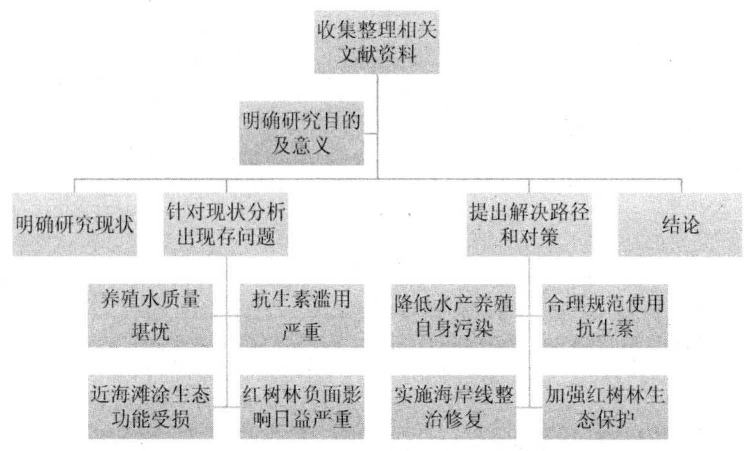

图 8-1 研究思路

第九章

海岸线相关法律法规及保护利用

一、《海岸线保护与利用管理办法》

2017 年 3 月 31 日，原国家海洋局（现为国家林业和草原局）印发的《海岸线保护与利用管理办法》（以下简称《办法》）是中国国家专门委员会有关海岸线监管工作的首部规范性文件，有效弥补了我国海岸线监管工作中的短板。

（一）重要举措

《办法》把自然海岸线界定为“由海陆相互作用形成的岸线，如砂质岸线、淤泥质岸线、基岩岸线以及生物岸线”，而具备自然形态特点和生态功能的海岸线则在恢复前或者复原后被定为自然海岸线。海岸线环境保护和管理工作包括以下四个方面。

1. 建立自然海岸线管控制度

《办法》规定建立自然海岸线管理控制体系，省级沿海主管部门在辖区内落实自然海岸线管理控制指标，建立自然海岸线管理责任制，并将自然海岸线保护纳入地方沿海主管部门的绩效考核。

2. 实施海岸线分类保护，编制海岸线保护与利用规划

《办法》还提供了一个海岸线划分与维护系统，并充分考虑到了自然条件和海岸线的发展程度，把海岸线分成严格保护、限制开发和优化利用三种，并对每个保护类别的控制规定了具体要求。

严格保护岸线。严格保护海岸线是指具备优良沙滩、特殊地貌景观、主要滨海湿地、红树林、礁石群以及其他自然特色，且受到政府良好保护，或者具备主要生态功效和资源价值的海岸线被纳入严格保护的海岸线。政府不得在严格保护海岸线的保护区域内构建永久性建筑物或者外围填海，并鼓励进行海滩保护、湿地恢复等整治修复活动。

限制开发岸线。保持自然形状、具备良好的生态功效和较大的资源价值且较少开采和使用的海岸线，被作为有限利用的海岸线。改变海岸带自然形状，以及影响其生态功能的研究与开发利用活动都受到了严格控制，并为未来的发展保留该地区。

优化利用岸线。人工化程度最高的海岸线，如工业地区与都市地带、海港与航运设施，以及具备较完善的海岸线维护与发展要求的沿海地区等，被作为优先利用的海岸线。通过优先利用海岸线，可以将所有实际需占海岸线面积的工程汇集起来，并严格控制所占海岸线的长度，从而最大限度地增加工程投入力度与使用程度，优化海岸线的利用模式。

《办法》规定编制沿海保护和利用计划，作为沿海保护和管埋的基础，并要求在国家一级进行沿海保护和利用计划的编制。国家林业和草原局将统一沿海地区保护与利用发展规划的技术标准，指导与监督全省沿海地区保护与利用综合规划的编制工作。省海岸监督管理机构，应负

责制订在本辖区内的自然海岸保护和利用计划，报省人民政府同意后执行。对土地利用设计、城市规划、港湾设计、防洪规划，及其他与自然海岸保护和利用相关的工程设计等，应严格执行有关自然海岸环境保护的管理规定。

3. 进一步加强海岸线节约集约利用管理

《办法》中明确提出实行自然海岸线维护和使用年度计划管理制度，并规定对侵占自然岸线的海洋工程做出严格论证和审批，从严控制工程对自然海岸线的侵占，强化沿海工程的优化设计和环境建设，进一步提升海洋生态门槛，强化环境保护和资源集约使用意识管理。《办法》还明确要做好海洋生态建设和海岸线开放与共享，并要求沿岸各区科学合理地设计和规范生产、生活和生态岸线，合理地向公众开放，除生产岸线、特殊利用岸线以及相关法律法规另有规定的岸线区域以外。

4. 开展海岸线整治修复，打造美丽海岸

《办法》规定制订全国和省的海岸线整治恢复五年计划和年度计划，并设立全省海岸线整治恢复资金专项库；《办法》还规定由中央海岛和海域保护专项资金支持开展海岸线整治恢复项目，并提出健全中央海岸与区域政府整治恢复投入机制、引进社会资金等具体规定。

（二）对海岸线保护的作用与意义

省级沿海行政区域可根据所辖沿海地区的自然生态和资源条件，逐级构建体系，将自然岸线的保护和管理责任落实到具体区域和部门，并将自然岸线的保护纳入当地沿海社区的绩效考核中。这有助于建立全面的、有针对性的自然海岸线保护监测体系，加强对自然海岸线的保护，确保实现自然海岸线保护的目标。

将中国海洋海岸线划分为严格保护、限制开发和优化利用三个类别，是中国在海洋领域全面贯彻国家土地空间使用管理规定、进一步优化中国海洋与蓝色国土空间布局的重要措施。其中，严格保护海岸线是我国最主要的海洋生态区，是维护我国重要海洋生态功能的重点保护性海岸线；限制开发发展岸线，多为沿海游览休闲娱乐区的游憩娱乐岸线，是解决人民群众亲海、赶海、体验海洋乐趣等需求的基础生活岸线；优化利用发展岸线为集中布置临海产业、港湾码头等生产经营活动的海上生产空间，是振兴海洋工业、发展海洋经济的重要基础生活依托岸线。

强化政府对海岸线经济管理和集约开发利用的有效监督管理，也正是为了体现海岸线作为资源的局限性，海岸线的经济管理和集约开发利用才是实现海岸线资源可永续使用的最重要途径。海岸线资源是发展发达海洋经济的关键因素，是海洋空间的稀缺资源。对海岸资源的经济开发与利用，能够有效推动海洋资源供给由制造要素向消费要素的转换，从而推动海洋发展理念向循环经济发展理念的转变，确保海洋经济的环境友好和协调发展。

沿海地区的恢复和重建以及美丽海岸的创建是打造“美丽海洋”的具体措施。近年来，沿海居民对环境保护越来越关注，对清洁的海洋环境、美丽的海岸线和宜人的海岸线要求越来越高。习近平总书记强调，人民应该能够吃到有机、安全和可靠的海产品，享受蓝色的海洋和清洁的海滩。整治和修复海岸线，对解决人民群众体会深刻、思考意义最大的突出海洋资源与环境保护问题，对理顺人民生产、居住与生态的海岸线，对促进构建美好祖国、提高人民民众幸福感，都有着巨大的现实意义。

（三）全面加强海岸线保护与利用管理

加强地方海岸线保护与利用的管理工作，主要包括：从地方层面制定与实施，以政策法规宣传、管理机制创新和建立以地方海岸线保护与经济利用为核心内容的标准法为基础，以控制自然海岸线的保护水平为基准，符合国家准则和监测原则，并严格评估责任。全面推动海岸线分类保护，切实加强对海岸线环境保护和海岸线建设的综合管理工作，不断完善海岸线经济开发利用管理制度，进行海岸线综合整治和恢复，实现经济、社会和环境的整体效益。并加强对海岸线保护和利用的综合规划管理，不断提高海岸线保护和利用的管理水平，全面改善和恢复海岸线，努力使海岸线保护和利用的经济、社会和环境效益相结合。

1. 建立健全各项配套制度

自然岸线保有率考核制度。根据政策要求，沿海省级政府应制定有针对性的问责制度，监测自然海岸线保护水平，完善评估指标和程序，改进和完善管理手段，并将自然海岸线保护纳入当地沿海社区的评估。

海岸线节约利用政策。各级海洋主管部门要进一步加强对占用自然海区的建设项目的审查和管理，对实际占用自然海区的海洋用途的建设项目，要严格按照有关标准和规定进行审议和审批。

区域限批制度。各级海洋主管部门应严格执行控制和管理的目标，保护自然海岸线。在自然海岸线不达标的地区，应依法对项目的审批进行限制，暂停对该地区侵占自然海岸线的新海洋利用项目的审批和许可。

2. 不断完善技术标准体系

制定完善相关配套标准和规范，提高《办法》实施的科学水平。明确自然岸线和人工岸线的界定标准，规范省级自然岸线保有率统计工作，指导沿海各地开展严格保护、限制开发和优化利用3个类别海岸线的划定工作，明确海岸线分类保护与利用标准，不断提高海岸线保护与利用规划的统筹管控地位，着力推进海岸线整治修复和生态建设。

3. 开展海岸线保护管理专项行动

进行海岸线的研究与统计。我国将组织全国沿海各省（自治区、直辖市）定期开展全国海岸线调查与统计，以全面掌握海岸线的长度和自然海岸线的保存程度，并制定严格保护、限制开发和优化利用的国家海岸线。

沿海各省（自治区、直辖市）要将海岸线整治与修复工作当作提高海岸生态环境品质、达到保持自然海岸线目标的主要手段，并认真制订五年计划和每年地方海岸线整治与修复工作规划。我国海事局应当负责制订五年计划和年度我国海岸线修复与重建规划，并建立我国海岸线修复与重建计划库。

二、《海南经济特区海岸带保护与开发管理规定》

2013年，海南省出台了《海南经济特区海岸带保护与开发管理规定》，以下简称（《海岸带管理规定》）。2016年5月26日，海南省第五届人民代表大会常务委员会第二十次、第二十一次会议经过二次审议，通过了《海南省人民代表大会常务委员会关于修改〈海南经济特区海岸带保护与开发管理规定〉的决定》（以下简称《决定》），该《决定》于2019年12月31日再次修改。这是自2013年5月1日《海岸带管理规定》出台以来，为确保对海南省沿岸地带的合理保护与合理发展，所进行的又一项重要调整。按照全省实施"多规合一"改革的需要，此次调整删除了单独制订沿岸地区计划的内容，明确把海岸带保护和发展纳入海南省总体计划和沿海市、县总体计划中，同时对与海南省海岸带保护和开发要求不一致的内容进行了修改。该《决定》主要在以下方面对《海岸带管理规定》进行了修改和完善。

（一）政府不再独立制订海岸带计划，将海岸带保护和发展纳入"多规合一"

2015年年初，海南省政府主动在全省范围内推进"多规合一"改革，开始编制《海南省总体规划》。"多规合一"的主要目的是统筹四类规划，即经济发展与产业发展规划、城市环境保护规划、基本农田环境保护规划、城市和乡村规划。全面审查并统筹解决各级城市规划系统中出现的内容交叉、内容矛盾等问题，使全省城市规划主管部门和各市县的城市基本空间规划，确保全省城市规划发展的"一张蓝图干到底"。通过"多规合一"的改革和创新，全省上下将共同编制发展规划。因此，《决定》删除了现行《海岸带管理规定》中要求单位编制沿海地区城市规划的条文，并明确规定了省人民政府与沿海市、县、区政府都要把对沿岸地带的保护与发展纳入海南省总体规划和沿海市、县、区政府的整体规划中，并将沿岸地带保护和发展作为海南省"多规合一"的发展蓝图。

（二）在海岸带陆地二百米范围内和海岸带海域部分划定生态保护红线，设立地理界标和宣传牌，实行严格保护和管控

生态保护红线是我国环境保护的一项重要制度。在重点生态功能区、生态环境敏感区和脆弱区等地方划出生态防护红线，实施严格管控和保护，是加强区域生态环境监管的有效手段，是减缓生态系统退化、防范环境危害的重要手段。所谓重点生态功能区，是指与我国国家或区域生态安全密切相关的五类区域，即严重环境污染、水土保障、抗风固沙、生物多样性保护区和防洪等。生态环境敏感区是指对外部干扰和环境保护比较敏感的地区，受到生态退化的威胁，如易受土壤侵蚀的地区和易受盐渍化的地区。生态环境脆弱区也称生态交错区，是在两个不同类型的自然生态体系交会处的过渡地区，是生态环境变化明显的地区。以生态红线为界限的范围就叫作生态红区，根据生态建设功能的必要性及其环境的脆弱性，分为Ⅰ类生态保护红线区和Ⅱ类生态保护红线区。

首先，充分考虑了对海岸带陆地与海洋两个部分的主要生态防护建筑红线区域的保护措施，即沿海区域自平均大潮高潮线起向陆地延伸最少二百米范围内的重点生态功能区、生态环境敏感区和脆弱区等区域，以及在保护区沿岸地区内距离平均高水位线的海洋主要生态区、生态敏感和脆弱环境区及其他沿岸地带区域。生态环境保护红线必须由立法来明确，并应受到严格的控制和保护。生态环境保护工程将红线保护区连同重要的生态功能保护区、生态敏感区和脆弱区域在一起，共同构成了二百米的沿线地带和海区陆域范围。其次，需要有地理界标宣传牌，表明具体的保护区域，即在沿海区域自平均大潮高潮线起向陆地延伸最少

二百米范围内的生态保护红线区和向海洋延伸海岸带范围内的生态保护红线区应当设立地理界标和宣传牌，实行严格的保护和管控。

（三）对海岸带陆地二百米范围内的Ⅰ类、Ⅱ类生态保护红线区和非生态保护红线区提出严格管控要求

现行《海岸带管理规定》关于“沿海区域自平均大潮高潮线起向陆地延伸最少二百米范围内，不得新建、改建、扩建建筑物；因重大建设项目需要新建、扩建、改建建筑物的，应当报省人民政府审批”的规定，实践证明不利于执行。而且该规定未区分类型，将河口、内湾、潟湖以及填海形成的土地，农村居民住房，历史形成的建筑物改建、扩建等特殊区域和情形都纳入了海岸带二百米范围内保护，不符合当前经济社会发展需要。例如，澄迈县有 27 个村庄自宋朝以来就建在海岸带二百米范围内。按照法规，这一类建筑物的所有改造或建设均需要获得当地政府的许可方可施工。例如，村民想建厕所，必须由省政府批准，这不符合旨在简化许可程序的行政许可改革的要求，也不能促进该地区的发展。按照国家总体规划中“尊重现实、区别对待”的原则，现有的村庄都可以进行正常的农业生产和居住活动。而基于这一原则，该《决定》还对Ⅰ类、Ⅱ类的红线生态保护区和离海岸带二百米左右区域内的非生态自然保护区进行了十分严格的管理规定，具体取决于类别。也就是说，在中国沿海内陆的重要生态区、生态敏感区和环境敏感区中，从海洋平均高潮线向陆地延展了至少二百米，被依法确定为生态环境保护的红线区域，采取严格的保护和控制措施。但对于实际要进行的国家和全省重大基建与民生工程项目，其选址不能避让新划定的生态保护区红线的区域，应当报经省政府同意。在生态保护区红线的Ⅱ类区

域，严格限制了工业、矿产资源发展，商品房建设，大规模农业生产等重点发展建筑活动。同时为了避免《决定》中控制措施与未来实施的发展建筑红线的规定不相符，《决定》中提出："法律、法规另有规定的，从其规定。"《决定》对在Ⅱ类红线生态保护区内以及其他沿海地区不属红线生态保护区范围的地块上，新建、改造和扩建建筑物进行了更严格的管理规定，即在沿海城市二级以上红线生态保护区内，或者在红线生态保护区以外距平均高潮线二百米左右范围内的建设、改造、开发建筑，必须遵循海南省总综合规划和沿海市、县、自治区综合规划的有关规定，由县和县级以上地方政府及相关主管部门依法办理建设批准程序。不得新建、改造、建设不适合海南总体规划和沿海市、县、自治区总体规划的建筑物，县级以上政府及其相关主管部门也不予补办建设批准手续。《决定》还规定了非法在内陆平均高潮线二百米内的沿海地区建造、改建或扩建建筑物的法律责任。

（四）明确规定建立完善沿线地区环境保护和发展管理巡查机制

设立沿岸地区管理巡查机制，为了贯彻海南省总体规划和沿海地区市、县的整体规划，把沿岸地带管理作为全省目前正在推动的"多规合一"管理改革，做好海岸带的保护、开发和利用，有效防止海岸带的退化和破坏，具有重要意义。下一步，省政府建议进一步明确和完善相关执法机构，改进检查工作，规范沿海地区的资源监测。这些事实表明，建立一个健全的海岸保护和开发管理体系的必要性和紧迫性。因此，《决定》规定，沿海市、县、自治县人民政府应当建立健全海岸带保护与开发管理巡查制度，及时发现并依法查处侵占破坏海岸带的行为，还相应规定了法律责任。

三、我国海岸线的保护与利用

（一）确立国家海岸线管理制度

我国现阶段海岸线管理问题的根本原因是，目前的土地和海洋管理制度是基于独立的土地和海洋管理政策。现阶段要加强和改善我国的海岸线管理，就必须从陆海分离管理转向陆海综合管理。在该部的机构改革之后，新成立的自然资源部的职责之一是作为所有自然资源的所有者，控制所有国家土地的使用。海岸线作为海洋资源的主要部分，其所有权、保护范围和使用、保护与管理等工作都将由国家自然资源部门共同管理，避免了过去海岸线长期由自然资源部等多个部委联合管辖的复杂局面，为形成国家海岸线联合管理体系打下了基础。在纵向方面，在履行自然资源部职能的基础上，进一步强化了各级自然资源行政主管部门的海岸线监督管理职责，形成了从国家到区域的海岸线管理工作纵向监督框架。在横向方面，自然资源管理部门牵头协调农业农村部（渔业）、交通部（港口）、生态环境部、水利部和其他专业部门依法进行的所有海岸线管理。

（二）加强对以海岸线为重点的海岸带监视、观察，与科研合作工作

以较长时期内海岸线往复摆动的空间区域为重点，并向陆海两个方向适当辐射，发展空基、天基、地基和水下相结合的、立体的、长期的、动态的和连续的监测与观测技术体系，监测内容包括：自然岸线的位置变化、人工岸线的发展、围填海动态、河口形态变化、河口三角洲发育、海平面变化、不同类型海岸的高程变化、水下地形变

化、水动力特征、海水与地下水环境质量、土壤或沉积物环境、大气环境、生物组成和生态过程、多界面“物质—能量—生态”过程等。沿海监控的重点是基于中、高分辨率卫星图片、飞机照片、无人机等的动态长时间监控与信息提取，并辅以实地调查，提供海岸线变化、围填海动态等实时信息。发展多学科、多因素、多流程、多维度的海洋监控与观测，重点关注近岸空间波动，通过采集持续、规范的海洋监测数据，研发大数据分析平台与网络系统，以推动近海基础科研的蓬勃发展与近海科学技术水平的迅速提升，从而为海岸线的环境保护与可持续利用、海岸带内综合管理决策的科学化和有效性，提供更强大的技术保障。

目前，修测成果已使用十多年，实际岸线由于围填海以及自然淤涨或侵蚀而变化较大，因此，有必要组织开展新一轮海岸线修测工作，摸清海岸线资源家底，掌握目前大陆岸线变化情况，了解自然岸线、人工岸线所占比例，从而满足海洋管理需要。随着大陆岸线修测工作的开展，各沿海省、市、区将根据实际公布本地区海岸线，届时管理岸线和实际岸线将“合二为一”，从根本上解决管理岸线和实际岸线不一致的问题，从而为不同部门的涉海规划问题协调清除障碍。

（三）建立自然岸线保有率责任监督机制

建立一个自上而下的监测机制，将自然岸线保护作为重要目标纳入国家土地利用规划中，建立有针对性的问责制度来监测自然岸线保护，建立有效的评估指标，并将自然岸线保护纳入地方沿海社区的评估中。

（四）海岸线实行三保护纳入海洋生态红线管理

空间规划体系，将在确立“三区三线”原则和限制资源开采强度的基础上，综合考察各种海岸类型的物理形式，以确定各种海岸类型的数量、构成比例和空间布局。按照自然海岸线资源现状和开发利用程度，将海岸线资源分成严格保护、限制开发和优化利用三种类型，并对各种保护区类型做出了具体的管理规定。为强化国家海岸线红线监管工作，将严格保护岸段和部分限制开发利用的岸线资源列入国家海洋生态红线管理范畴，同时各省政府还将建立本行政区域内严格保护的海岸线名录，划定保护范围，并设立保护罩。关于沿海资源的开发和利用，将建立三个控制指标。属性的控制、自然岸线的控制、开发利用强度的控制，以实现海岸保护和利用管理的目标，同时考虑到该地区的“多规合一”，密切关注海岸利用类型、开发强度和受海上开发项目影响的自然岸线长度，提高妥善管理沿海资源的能力，全面促进沿海保护和沿海资源的集约化和经济化利用。

（五）落实海岸线监督管理

开展海岸线动态监视与管理，以准确掌握在海岸线保护与使用方面的动态信息。运用海洋动态监控系统海域用地确权分析、高精度遥感技术影像解译和地面监测实地测量等海洋监控技术手段，进行海岸线利用项目业务化检测，以了解海岸线保护和使用状况，并着重检测用地确权项目侵占海岸线、侵占自然海岸线、新增岸线、海岸线人工化、海岸线整治与恢复效果等问题内容。[57]对沿海地区实施动态监视与管理，并开展专项检查，确保法律的执行。严禁未经许可侵占岸线和海滩上的构筑物和设备，严禁未经许可在海岸线上进行利用和发展，也严禁损害海岸线的自然地形、地貌和景观。

（六）强化海岸线整治修复顶层设计

早在20世纪50年代，西方国家就开始对岸线建设和海岸防护做出规定。美国于20世纪60年代建立了海岸线变化数据库和海岸侵蚀信息系统，70年代颁布了世界上第一部综合性的海岸带管理法规《海岸带管理法》。《海岸线保护与利用管理办法》（2017年）提出了海岸线整治修复五年规划及年度计划等硬性要求。我国应加强顶层设计，及时启动对沿海资源环境的全面研究。根据国家的资源利用、环境容量、生态特点和受损海岸线的地理分布，我们应该制订国家海岸线恢复和重建计划，考虑到山、水、林、田、湖、草地和海等要素，以确保健康和可持续的生态系统和能源流动。该计划将用于宏观地改善和恢复国家的海岸线，细化海岸线改善和恢复的总体目标和年度目标，将其划分为不同的区域，并根据分类促进最重要项目的实施。

（七）建立健全绩效考核制度与机制

履行好地方政府的市场主体权责，践行绿色生态经济发展宗旨，妥善解决历史遗留问题。按照国家沿海管理工作的各项要求，出台了具体的监管措施或实施细则，并严格执行国家沿海管理工作绩效差异化考评与奖惩制度、沿海资源管理制度以及国家沿海专项检查机制，并定期进行沿海专项监管工作。“重开发、轻保护”“重发展、轻管理”“重陆地、轻海洋”“重经济、轻生态”的概念已经被摒弃。沿海地区恢复和重建任务的实施将被纳入牵头管理者的自然资源外派审查的评估和评价中。要设立奖励制度，以嘉奖所有成功实施海岸线修复与恢复、有效推进海上资源维护与估价工作的单位和个人。对未能完成海岸线恢复和重建任务、对生态环境造成严重破坏的个人，将更严厉地依据有关法律追究责任。同时提高了新闻媒体、公民和非政府机构对海岸线管理的参与度，形成了以海岸线维护管理与政府综合监督的协同效应。

第十章

国内外治理实践借鉴

一、国内治理实践借鉴

（一）渤海治理借鉴

2020 年，渤海近岸海区水质优良，一、二级水体的比重超过82. 3%，相较 2018 年提高了 16. 9 个百分点，基本完成了渤海综合治理攻坚战的目标要求，水质改善力度前所未有。攻坚战开展三年以来，环渤海地区三省一市共整治恢复海岸线 132 千米，37. 5%的渤海近岸水域纳入国家海洋生态环境保护的红线区域。

渤海海洋生态、海岸线修复典型经验：

一是要进一步强化法规、制度建设和标准体系建设。进一步完善海洋与环保法律法规制度建设，逐步推进形成源头严防、流程严管、后果严惩的规章制度体系，并不断推动“湾长制”等制度建立。制订全国海岸线整治修复计划，建设全省海岸线整治修复专项资源库。进一步健全国家海洋生态修复制度体系，出台海岸线修复等海洋生态修复的有关指导性文件，推进国家海洋生态修复管理规范制度建立。

二是继续推动海岸线的生态修复工程。实施海洋综合治理与生态修复工作和构建“美丽海湾”的行动，在积极指导范围内开展浅海生态修复工作，根据浅海生态系统的整体性、系统化特点及其自身变化规律，采取对滨海沙滩恢复与防护、红树林培植、对入侵海岸线的防护、修建生态海堤等保护措施，恢复已破坏的海岸线，提高海岸线生态建设功能和防灾减灾作用功能，构建海岸线的生态安全屏障。

三是研究形成多元化的生态环境保护补偿机制。根据“谁受益、谁补偿”的原则，结合国内海洋生态补偿实际，积极探讨并构建多元化海洋生态环境补偿机制，以促进国土空间发展、水资源开发与利用和海洋生态环境保护的良性循环，推动海洋生态产品价值有效实现。同时整合国家有关财政资金，逐步加强对海洋生态补偿和生态环境保护等领域的政策扶持力度。

四是加大对海岸线等环保工作的宣传力度。积极指导全国各地，在不改变近海地区原有地貌特点、不破坏海洋生态系统功能的前提下，积极开辟公共亲海空间，以满足人民对观光游览、亲近美好海边空间的需求。多渠道推进具有特色的自然海岸线生态景观保护区和海岸线生态修复工程建设。积极宣传国家有关海岸线环境保护与利用方面的政策法规，积极畅通社会公众与非政府机构的参与途径，积极接受社会公众对海岸线管理工作的民主监督。

（二）秦皇岛治理借鉴

秦皇岛海洋和渔业局按照生态环境部、国家发改委、自然资源部三部委联合制定的《渤海综合治理攻坚战行动计划》，重点解决渤海存在的突出生态环境问题，实施了秦皇岛河东浴场岸线整治修复工程，并辅以周边环境提升改造，解决海港区新开河口至港务局码头岸段长期以来存在的生态环境问题。工程修复沙滩长度约 833 米，对局部水土流失区域进行防护整治，同时美化了西侧救助站、护墙以及护堤。通过项目的实施，河东浴场沙滩宽度平均增加了 40 米，使其防灾减灾能力明显提高，周边“脏、乱、差”环境也显著提升，切实打造了具备自身特色和品质的“老百姓”浴场，得到了各界领导和周边居民的充分认可。

从 2018 年开始，秦皇岛一直把渤海综合治理攻坚战行动当成一个主要政治任务，坚持以自然修复为主、人工恢复为辅的方式，主动承接了全国所有海岸线恢复任务和三分之二的沿海湿地整治任务，完成了沿海湿地整治 0. 36 平方千米、海岸线整治修复 14. 623 千米。

秦皇岛海洋生态、海岸线修复典型经验和有益探索：

一是组织领导是取得成效的有力保障。秦皇岛政府一直关注海洋生态恢复工作，并根据海域开发维护的状况和受损的状况，专门制定了《秦皇岛市海域海岛海岸带整治修复保护项目库（2018—2021 年）》，为近年海域沿岸地带整治恢复、岛屿环境整治恢复与维护、海洋生态恢复提供了方法。项目选哪里、修复干什么、效果怎么样，关系到秦皇岛远期发展和战略定位，谋划工作必须打好“提前量”，这样完全迎合了目前中央生态环保项目储备库“先有项目，再有资金”的建设要求。

二是转变思路是协同推进的重要突破。坚持陆海统筹、以海定陆，创新思路、改革思路，把其他重要任务都统筹到渤海综合治理攻坚战工作的目标任务上。结合河口综合治理，完成了新增的自然海岸线 3 千米；结合对围填海历史遗留问题处理工作，引进了社会资本维修海岸线 1. 8 千米，在完成了国家任务指标的同时，也开展了对围填海历史遗留问题的处理工作；结合利用锚泊地航道清障泥沙满足海上生态修复工程项目的补沙需求，不但缓解了“取沙难”的问题，还提高了秦皇岛锚地承载力。

三是自然恢复是生态修复的主要途径。在海洋生态文明发展理念的指引下，秦皇岛市政府坚持摒弃了“景观”思维，运用“简法”思维，以自然修复为主、人工恢复为辅的方法，力求把近岸水域还原到最原始的自然状况。并推崇近岸线修复效法对自然采用多重保护，以使人为干预的负面影响最小。另外，通过静态岬湾岸线平衡理论，系统总结了人工养滩生态修复理论，并提出了“覆植沙丘—滩肩补沙—人工沙坝—离岸潜堤”的砂子海岸线恢复模型。该模式利用沙地、补沙、沙坝、离岸潜堤等来降低波能、提供沙源，从而构成了对海岸线的多重保护。

（三）广东省治理借鉴

“十二五”以来特别是党的十八大以来，广东省积极探索和实施了多种形式的海岸线整治恢复项目，整治恢复工作取得了明显进展，经济、社会和环境综合效益进步明显，主要表现在以下三个方面：一是恢复效果初见效率。先在全省推进美丽海湾建设，惠州市考洲洋、汕头市公司青澳海湾、茂名石化公司水东海湾等被列为第一批全国美丽海湾建设试点，汕尾品清湖、汕头南澳岛等区域纳入蓝色海湾建设范围，有序实施了横琴岛、柘林湾、金沙湾、龟龄屿等重要地区的生态恢复和近岸环境污染防控，有效保障海域的自然再生能力。同时，广东省近岸水域第一、二级水体的年均比明显提高，近岸海洋环境持续向好。二是社会监督机制初步形成。以中央分成的海域使用金项目为样板，广东省海岸线整治恢复工作按照先易后难、循序渐进的原则有序开展，采用远近结合、以点带面的思路，谋划全省海岸线整治修复长远规划、总体目标。

全省范围内筛选出的省级海岸线整治恢复工程项目库和国家蓝色海湾项目库，为后续整治恢复工作的科学开展奠定了良好基础。三是人居环境初步改善。随着海岸线整治恢复工作的逐步深入，一批海岸带海滨公园、休闲绿道、市民广场、海洋科普基地等得到建设，极大丰富了市民的公共游憩空间，增强了沿岸地区的生态与公共服务功能，改善了沿岸地区人居环境，并增强了公众对海洋归属感和保护意识，营造了良好的社会氛围。

广东省海洋生态、海岸线修复典型经验：

一是资源合理使用，计划先行。结合近岸海洋环境污染防控、蓝色屏障工程、优美海岸线共建等行动，科学衔接国家土地利用、城市、海港建设等有关规划，制订“多规合一”“陆海统筹”的中国大陆自然海岸线环境保护计划，以优化海岸线空间布局，科学合理地控制海岸线为方向。

二是严格管控，制度保障。在近岸水域有偿使用框架下，设立了海岸线资源有偿利用机制和土地资本化配置机制，按照海岸线资源的区位要求、资源紧缺程度、功能价值、市场供求关系，进行海岸线划分定级和土地使用权基准价计算，将其价格列入占用海岸线的海域价格中。建设规范的大陆自然海岸线保护区管理体系。同时健全海岸线综合监督管理措施，逐步实施各类监督管理措施，并定期组织实施海岸线环境保护和利用状况现场巡查。

三是有效修复，严格规范。结合广东省蓝色海湾整治恢复行动，进一步健全海岸线整治恢复标准，科学实施自然海岸线整治恢复。按照海洋可持续发展的理念，遵循陆海统筹兼顾、因地制宜的原则，科学合理地规划布置了全省海岸线整治恢复重点建设项目并形成了项目资源库，通过海洋海岸线统筹维护管理、入海污染物控制、沿岸环境污染整治、岸滩资源保护、沿海生态景观建设等重大任务的实施，有效确保了中国大陆自然海岸线的保有利用率，有效推动了蓝色经济和海洋生态环境的统筹发展。

四是科学准入，立体监测。科学合理设计了自然岸线发展的准入机制，实行层级管理，由初次准入阶段逐步向高层次准入阶段过渡。同时，充分运用卫星遥感、无人机、无人船等先进手段，强化对海岸线动态监控检测，及时、精准地了解海岸线的变化动态，并建立自然岸线管理综合信息系统，有效提升了自然岸线监管水平。

五是建户立档，全面监管。按照国家自然岸线保有量的控制目标，根据海南省自然岸线现状特征，提出了自然岸线保有量控制的管理方法，并确定了各地自然岸线控制总量范围，对沿海市、县（市、区）的大陆自然岸线建户立档，明确各县（市、区）自然岸线的分布情况、特征和长度。

二、国外治理实践借鉴

（一）日本治理借鉴

日本在海岸线保护方面的研究领域相当广泛，在海岸线环境保护技术和计算机等领域实现了有效融合，使其在海岸线保护理论与措施应用等方面，实现了比较大的技术突破。海南可参考日本东京湾的成功经验，从地方层面，由当地主管部门领导，有关受益方共同参加，制订一个有区域性的海岸线环境保护计划。在监督管理层级上，由海岸线属地的县级主管部门统一承担，明确落实了海岸线管护责任人，从而有效防止了监督管理目标错位，难以跨界行政等问题；在管理规范层级上，则逐步细化内容。在海岸线保护工程上，不仅要提高在工程上的防护标准，同时还要对海岸线区域内进行环境的治理与维护，从而有效推动对海岸线的合理利用，以达到人与自然和谐共处。在新的防护措施方面，我国也可以根据东京湾的经验，从传统的、单一的、横向的线形防护措施转向新型的、多重的、纵向的面状防护措施。东京湾海岸线防护的初衷是从人的视角出发，构造了一条安全、与大自然共存、舒适、充满生命活力的海岸线。东京湾海岸线保护计划在制订时，不但兼顾安全保护，还把保护与利用一起兼顾，这三者间既彼此协同又各有特点。在海南，由于自然海滩较多，海岸线也较长，因此海岸线保护的理念与保护措施都相对简单，但东京湾地区在保护理念上则相对完善，已建立了一整套比较完善的防灾工程系统。

（二）荷兰治理借鉴

荷兰海岸是低平原平直岸，岸外平缓倾斜分布外、内两条沙坝和坝间凹槽地貌。20 世纪 50 年代以来，在长期海岸抛沙养滩的情况下，仍处于海岸微弱侵蚀状态，20 世纪 90 年代以来，实行水下抛沙养滩，先后在泰斯灵岛、伊哥蒙特和诺德维克等 13 处海岸实施过，效果均较好。诺德维克水下养滩工程是其中最好的一例。该区 1998—2006 年先后 3 次向外沙坝向海侧共抛沙约 5. 9 立方毫米，导致外沙坝由向海迁移转为向岸迁移，海滩自然淤长，按长期定位观测资料计算，至 2006 年，海滩沉积物量增加了约 0. 24 立方毫米，相当于 1998—2006 年总抛沙量的 4%，高潮沙丘脚线向海淤进了 10 米左右。[55] 证明水下抛沙的消浪效应和向岸给沙效应可导致海滩滩面自然增长。水下抛沙修复海滩是当前海滩养护作业中的热点，它不仅便于施工，经济便宜，不干扰海岸环境，又能很快与环境相融合，借自然力驱动下缓慢向滩面输沙达到稳定海岸的效果。目前海南有数十处海滩养护工程均靠陆上滩面抛沙，不仅成本高，还会破坏环境，且养滩效果有时不佳，建议推行更多的水下抛沙养滩的方法。

（三）美国治理借鉴

美国海岸线管理采取的是项目制管理模式，管理工作主要围绕编制项目、申请项目、审批项目、实施项目和审查项目展开。[49]一方面，设计国家级和地方级海岸管理项目。另一方面，设计合作型海岸带管理项目。海岸带管理往往涉及多个行业和部门，例如，保护沿海水资源和防止沿岸陆源污染需要海岸带管理部门与环境保护部门之间的合作，这就需要所涉部门共同编制、审批和管理相关海岸带管理项目，才能达到理想的效果。美国海岸线管理以保护海岸带地区的环境与资源为主要任务。这是发达国家的经验，也与《中共中央国务院关于建立更加有效的区域协调发展新机制的意见》求相契合。毕竟在“编制实施海岸带保护与利用综合规划”中“保护”位列“利用”之前，编制工作以“保护优先”和“节约优先”为基本原则；“促进海岸带地区陆海一体化生态保护和整治修复”则是未来海岸带管理的总体目标。所以，建议东海南海岸线管理委员会应当以维护海岸带区域的自然环境和资源平衡为重点任务，并在编制沿岸地带计划，到制定海岸带管理法律，再到构建海岸带管理机制，均应以“保护”为主。

第十一章

治理实践专题

一、近岸海域污染防治

（一）指导思想

全面贯彻落实党中央、国务院关于生态文明建设的总体部署，细化落实《水污染防治行动计划》关于近岸海域污染防治的目标和任务要求。以改善近岸海域环境质量为核心，加快沿海地区产业转型升级，严格控制各类污染物排放，开展生态保护与修复，加强海洋环境监督管理，为我国经济社会可持续发展提供良好的生态环境保障。

（二）基本原则

质量导向，保护优先。以改善近岸海域环境质量为导向，将各项任务与举措紧密结合以提升海洋环境质量要求，实现水质“只能更好、不能变差”的目标。同时坚持以环境保护、绿色生态发展为先，以近岸海洋水质的提升带动全区产业结构和空间布局优化来提升海洋污染综合治理水平。

河海兼顾，区域联动。依据“从山顶到海洋”“海陆一盘棋”的理念，整合陆地与海洋环境污染防控工作，促进生态环境保护区域互动，提高近岸海洋环境污染防控与生态环境保护的系统性、协调性。

突出重点，全面推进。其间，将以综合整治黄河口、长江口、闽江口、珠江口、辽东湾、渤海湾、胶州湾、杭州湾、北部湾等海域污染为重点，积极推动近岸水域环境污染防控工作，以进一步提高工作水平和实效。

综合防治，精准施策。根据各水域对环境污染问题的特点，科学制定措施方案，将管理措施和环境保护措施方法并存，生态系统的自然恢复和人工修复相结合，以提升污染源排放管理和入海河道水体管理的精细化管理水平。

（三）重点任务

1. 促进沿海地区产业转型升级

（1）调整沿海地区产业结构

结合京津冀协调发展、长江经济带建设等国家的重大战略，积极实行科学引导，促进中国沿海地区经济实现由创新驱动发展向绿色发展转变。促进化解等重要领域的过剩产能，促进工业升级，推动新兴产业和现代服务业的发展。加速建设临海现代农业产业系统，优化海水畜牧业的空间布局。进一步完善海洋工业企业的园区化建设，积极促进循环经营和清洁生产，积极建立海洋生态产业园，强化资源综合利用和循环使用，积极推行海洋工业园区废物的集中处理。

（2）提高涉海建设项目环境准入门槛

提高行业准入门槛。从严控制“两高一资”产业在沿海地区布局，按照有关环保和清洁生产等方面的立法规范和重点产业环境准入条件，在调整产业结构、产业布局、建设规模、对区域环境承受能力、与有关区域规划的协调性等方面，严格规范建设项目审核，逐步提升重点产业准入门槛；依法淘汰在沿海地区污染排放量不达标或者超出总量限制的产能。

严格污染排放管理规定。针对当前我国海域内环境污染问题的主要特点，根据国家和地方重点污染物排放标准，海洋强业企业的氮和总磷等重点污染物负荷将逐渐减少。同时，针对超过国家环保水质目标要求、自我封闭更高的海区，进行新增（改、扩）水项目中主要污染物排放总量的增减置换。

严控围填海和占用自然岸线的建设项目。严格依据国家海洋主要功能区规划、海洋功能区划、近岸海洋项目环境功能区划以及生态环境保护红线规定，认真做好近岸海洋项目的环保准入管理工作，在环境影响评估、排放许可证、入海排污口设置管理等方面，严格执行外围填海、自然岸线管理和生态环境保护红线控制规定。

2. 逐步减少陆源污染排放

（1）开展入海河流综合整治

明确入海河流整治目标和工作重点。开展主要入海河流综合整治，到2020年，纳入《水污染防治行动计划》考核范围的入海河流达到水质目标要求；将水质劣于Ⅴ类的入海河流作为各海区整治工作的重点，包括渤海海域的大旱河等6条河流、黄海海域的李村河等7条河流、东海海域的上塘河和南海海域的淡澳河等7条河流。除此之外，沿海各省（区、市）应对本行政区域内其他入海河流（包括季节性河流）情况进行全面调查、登记，开展入海断面水质监测，根据水环境功能要求，自行确定水质目标，明确环境质量责任。相关管理部门共享入海河流调查登记信息。

制定入海河流水体达标实施方案。规定对于入海监测断面水质仍未实现沿海各省（区、市）《水污染防治目标责任书》水质目标要求的入海河流，沿海各省（区、市）应参照《水体达标方案编制技术指南》（环办污防函〔2016〕563号），编制本省（区、市）《入海河流水体达标方案》；对于其他入海河流，沿海各省（区、市）可视需要编制《入海河流水体达标方案》。《入海流域水体达标方案》还要客观分析入海流域的环境压力，确定重点环保问题，提出具体年度任务和年度目标，并搞好与流域管理单元内环境污染防控工作的有效衔接。在有条件的情形下，还可以进行污染源—排污口—水体的输入响应分析，通过计算污染允许排放量，整合环境污染整治的技术经济可能性，确定阶段性污染物负荷与减少目标，并提交切实可行的整治工程清单，从而做到“一河一策”的精准治污。

实施入海河道整治。全面落实河长制，在控源减污、内源整治、水量控制等方面，因地制宜地实施工程建设与管护措施，并充分考虑与已通过的有关计划文件相衔接。强化政府组织领导，强化环保监管力量，形成长效机制，实现入海河道水质逐步好转。在有条件的情况下，利用水质环境模拟预测污染整治措施的水质改善成效，并优化工程布局和规模。

（2）规范入海排污口管理

摸清入海污染口底数。即清查入海污染口的覆盖范围，包含了在我国陆地和海岛上一切通过向海洋排放污（废）水的污染口和污染沟（渠）。沿海各省（区、市）对本行政区划内已完成或者在建的入海污染口开展全部调研，以明确对所有污染口的污染管理责任单位，并做好全部记录工作；对近岸领海汇水范围内的城镇设施进行全面登记，以判定违规建设或者设定不合理入海排污口；对有要求的地区，也应该以入海污染口为起点，溯源排查管网布置状况。

整治违规和设立不合理入海的排污口。沿海各省（区、市）政府应当制定非法与设置不合理排污口名单，明确对不同类型排污口的具体整改任务，研究制定非法与设置不合理排污口整治工作实施方案，并组织实施具体整改工作，针对实际情况，依法处理。

（3）强化沿海地级及以上城市污染排放管理

①科学确定污染物排放控制目标

“十三五”时期，沿海地市级及以上城市将按照近岸海区水体的改造要求，根据水体纳污潜力，重点围绕无机氮等主要污染物，因地制宜地设定污染排放限制指标，并列入污染排放总量的约束性指标。按照《控制污染物排放许可制实施方案》的相关规定，将单纯的以行政区划为单位划分污染物排放总量指标的管理方法，转变为差别化和精细化的排放许可管理，并严格执行事业单位污染物排放总量管理规定，逐步完成了由行政区的污染物排放总量管理向企事业单位污染物排放总量管理过渡。

对于工业固定污染源，沿海地级及以上城市按照国家《控制污染物排放许可制实施方案》及国家生态环境部的相关政策配套文件规定，针对当地提高工业生产环保品质的现实需要，确定污染物许可排放浓度和排放量，将所有工业固定污染源污染物许可排放量总和作为该地区工业固定污染源污染物排放总量控制目标。控制指标按照国家排污许可和总量控制相关要求执行。

沿海各省（区、市）成立和健全了有关的考评方法，在入海河道现有水质目标的基础上，提高了海面河道总氮水体总体目标，并按照入海河水浓度逐步减少的阶段性目标要求，编制了本区域工业企业稳定污染源许可排放量年度减少规划，并在稳定环境污染物排出量的许可规划中给予了明确。

②加强沿海地级及以上城市各类污染源治理

通过排污许可证，严控工业企业稳定污染源排放量。同时环保部门还应当加强对排污许可实施的监督，并指导企业采取相应措施限制污染排放量，以达到排污许可规定的许可排放量的要求；对工业建设项目，进行污染排放等量置换或者设备减量置换。应当要求有关工业建设企业严格履行排污许可证管理规定，采取增加环境保护项目投资、提高洁净生产水平和对治污设备提标更新等措施，以提升污染管理能力，以保证污染物排放满足排污许可证条件，并及时将污染物处理措施向地方环境保护部门备案，同时定期向地方环境保护部门报送许可证管理实施报告，包括治污设备建造情况和运营状况、排污口设立，及其所释放污染物的数量、浓度和排放量情况等。

加强了工业集聚区内环境污染整治和生活废物排放管理。加快对沿海先进经济技术、高新技术产业开发区、出口加工区等工业集聚区内环境污染整治。在建成、更新后的工业集聚区域，应同时进行规划、修建城市污水集中处理基础设施，并采用现有的城市污水集中处理设备，且城市污水集中处理设备应符合脱硫除氮工艺要求，并安装自动在线设备。

提高城镇污水处理设施氮磷去除能力。加快现有城镇污水处理设施升级改造，近岸海域汇水区域内的城镇污水处理设施全面达到一级 A 排放标准。鼓励有条件的地区在城镇污水处理厂下游采取湿地净化工程等措施，进一步削减污染物入河量。推进城镇污水处理厂达标尾水的资源化利用，减少排入自然水体的污染物负荷。

加强畜禽饲养和农业面源污染管理控制。针对大规模畜禽饲养，采取强化畜禽饲养垃圾的综合利用和无害化处理等方法，促进畜禽饲养垃圾的降低能耗、资源性质、无害化、生态化管理，降低污染排放量；针对大小型分散的牲畜饲养、影响农业生活、农产品养殖加工等面源，结合农业环境保护的综合整治工作，采取了建立大分散型污水处理、生态拦截沟渠、湿地净化等重点工程建设措施，以提高水利用率等途径，降低污染排放量。在符合条件的入海口地区进行黄河湿地工程，以降低面源污染的入海量。

③加强对污染排放管理的监测监控和考评。

沿海的地市级及以上城市，将总氮作为地表水水质的定期检测；地方环境保护部门则在监督性检测过程中将总氮作为必测指标，以确保有效地掌握固定环境污染源的总氮排污情况。有关污染单位必须根据国家排放许可证的管理规定，实施自动监控，以确保数据合法有效并按时向社会公布。重点污染单位还必须配备总氮、总磷自动在线监测设备，并引导其他重点污染单位配备总氮、总磷在线监控装置，并与环境保护部门联网。

沿海各省（区、市）将全氮列入流域水质目标考核内容，并向社会公布。对污染管控成效好、水质好转效果显著的地方，由生态环境部优先将该地方污染减排项目列入《水污染防治行动计划》国家项目库。对于入海河流和近岸海域污染物浓度不降反升、排放控制目标完成情况较差的地区，沿海各省（区、市）将采取区域限批、约谈、挂牌督办等方法，监督和引导有关地区采取相应举措进行整治。

（4）严格控制环境激素类的化学污染

尽快完成全国环境激素类化学品生产应用状况调查，全面检测评价饮用水保护区、重要农产品种植区域以及动物集中养殖区域的危险性，并研究提出对环境激素类化学物质消除、管理、替代的政策措施。

3. 加强海上污染源控制

（1）加强船舶和污染防治

制定了《船舶水污染物排放控制标准》，按照《船舶与港口污染防治专项行动实施方案（2015—2020 年）》中的相关规定，将深入推动相关法规、标准规范的编制修改，并进一步推进我国造船结构调整，统筹推进船用污染物接收设施建设及其与城市公共管理基础设施建设的衔接，进一步强化污染排放检测与监督等，从全方位推动全国船舶和港口的污染防控工作。

（2）加强海水养殖污染防治

把控沿海渔业发展重点县（市）组织编制《养殖水域滩涂规划》，依法科学划定养殖区、限制养殖区和禁止养殖区；完善水产养殖基础设施，推进水产养殖池塘标准化改造，鼓励沿海各省（区、市）发展浅海离岸养殖，扶持推广深水防风浪饲养网箱。发展壮大水产养殖，继续举办全国健康养殖示范点的创建活动；强化畜牧投入品监督管理，严格执行《全国兽药（抗菌药）综合治理五年行动方案》（农质发〔2015〕

6 号)，做好对水产养殖环节药物的监测抽检。

沿海各渔业主管部门积极推动了水产养殖池子的标准化改造、近海养殖网箱环保改造、深海离岸饲养和集约化饲养，新创建了一批水产健康养殖示范场，并强化了饲养投入品监督管理。

(3) 加强勘探开发污染防治

严格按照《海洋环境保护法》《防治海洋工程建设项目污染损害海洋环境管理条例》《海洋石油勘探开发环境保护管理条例》等相关法律法规的要求，强化监督管理，有效预防对海洋石油资源勘查开采过程的环境污染。

4. 保护海洋生态

(1) 划定并严守生态保护红线

在海洋重要生态功能区、海洋生态脆弱区、海洋生态敏感区等区域划定生态保护红线，合理划定纳入生态保护红线的湿地范围，制定了主要湿地保护区名录，并贯彻到具体的主要湿地地块，确定了生态环境保护红线管理规定，从而形成了红线控制。沿海各地的海洋资源挖掘和开发利用以及工程建设等活动，都必须严守生态工程建设保护红线；非法侵占在海洋生态保护红线范围内的项目，政府必须限期退出；对导致在海洋生态保护红线范围内生态破坏的，政府应当根据海洋生态破坏者补偿、受益者付费、保护者获得合理赔偿的原则，实施海洋生态补偿。

(2) 严格控制围填海工程和占用自然海岸线的开采建造工程活动

认真落实国家围填海的管理规划，严格控制国家围填海规模，强化围填海管理与监测。在重点海湾、自然保护区、海洋特别保护区的重点保护区及预留区、重点河口区域、重要滨海湿地区域、重要砂质岸线及沙源保护海域、特殊保护海岛及重要渔业海域禁止实施围填海；生态脆弱敏感区、自净能力差的海域严格限制围填海；严肃查处围填海违法行为。近岸水域湿地的合理开发利用与建设活动监督管理工作，将根据《湿地保护修复制度方案》（国办发〔2016〕89号）、《关于加强滨海湿地管理与保护工作的指导意见》（国海环字〔2016〕664号）等的有关规定实施。

（3）保护典型的海域生态系统和主要生物捕捞海域

加大了对红树林、珊瑚礁、马尾藻场、海草、河口地区、沿海及黄河湿地等典型的海洋生态系统，以及产卵场、索饵场、越冬场、洄游通道等重点渔场水体的调查研究和保护力度，并逐步完善了海洋生态系统的环境监测评价网络建设技术系统，因地制宜地实施对红树林种植、珊瑚礁、马尾藻场和海草的人工移植、渔业增殖放流、建造人工鱼礁等的环境保护和恢复保护措施，切实地维护好水深测量的二十米以内海域重要繁育场，并逐步恢复重要近岸水域的生态功能。

（4）加强海洋生物多样性保护

以海洋生物多样性保护的优先领域为重点，实施海洋生物多样性本底调查和编目。进一步完善海洋生物多样性监测预警能力建设，逐步增强国家对海洋生物多样性重要资源利用的保护与监督管理能力。对国家和区域重点湿地，通过国家公园、湿地自然保护区、湿地公园、水产种质资源保护区、海洋特别保护区等方式加强保护，在生态敏感和脆弱地区加快保护管理体系建设，完善海洋特殊自然保护区、海洋类水产种质资源自然保护区的建立，进一步加强海洋保护区监管综合执法工作，提高现有的海洋自然保护区管理规范化能力建设和水平。定期实施海洋类型保护区的卫星遥感识别检测，逐步加大了海洋自然保护区选划管护力度，开展了海洋外来侵害的生物防治措施研究。

（5）推进海洋生态整治修复

按照《海洋生态保护修复资金管理办法》，重点围绕滨海湿地公园、岸滩、海湾、岛屿、河口、礁石等典型的自然生态体系，开展了“南红北柳”湿地修复、“银色海滩”岸滩整治、“蓝色海湾”综合治理和“生态海岛”的保护恢复等重点工程建设，修复了海岸带湿地公园对污染物的拦截、净化等功能；恢复鸟类栖息、入海口产卵地等主要的自然生境功能。对位于候禽迁飞路径上的国际和国家重点湿地、国家自然保护区和国家湿地公园等进行修复。并在外围填海建设相对集中的渤海湾、江苏滨海、珠三角、北部湾等重点地区，开展了生态恢复工程建设。2021 年，修复沿海沼泽地总面积不少于 8500 公顷（1 公顷 = 0.01 平方千米），修复近岸受损水域 40 万公顷。重点开展沿海防护林系统建设，构筑坚固的海岸生态屏障。严格控制各类侵占大陆和海岛自然岸线的建设活动，严格保护自然环境和自然海岸线，到 2021 年，整治的海岸线总长不少于 1000 千米。

5. 防范近岸海域环境风险

（1）加强沿海工业企业环境风险防控

加强对沿海地区环境污染危险性较大的工业环保监督力量。加强对沿海工业开发区建设，包括对沿海石化、化工、冶金、石油开采和仓储加工等行业企业的环保执法检查，并逐步加大对环保违法活动的查处力度，以消除环保违法活动。

制定重大突发性环境污染事故应急预案。提高船舶和海港码头环境污染事件应急处理能力，做好沿海地区重大突发性环境污染事故风险防范。在全国沿海各级地方人民政府突发性环境污染事故的应对预案中，将完善近陆域环境污染风险源和海洋溢油及危险性化学物质泄漏等对近岸水域环境影响问题的应对预案，进一步健全环境风险防治措施，并定期进行应对演习。进一步完善地方相关政府部门的环保应对能力规范化建设。研究建立健全的沿海环境管理制度。

（2）防范海洋溢油和危险性化学物质泄漏对近岸水域污染的风险

开展了海上溢油和危险化学品漏油环境危险性评价。以渤海地区为重点，进行了海洋溢油事件和危险化学品泄漏等污染的近岸海洋危险性评价，以防止海洋溢油事件等对环境污染事件的发生。同时做好海洋溢油事件和危险化学品泄漏等对近岸海洋危害事件的环境监测。

完善了海洋溢油和危险化学品漏油污染的海洋环境应急响应制度。针对可能污染近岸水域的海洋溢油和危险化学物质泄漏事件，确定了近岸水域和岸线上的污染处理责任主体，建立健全应急响应和指挥联动机制。根据“统一管理、合理布局、集中配置”的原则，通过合理配置应急物品库存，建立全国应急物品统计、监督、调度的综合信息平台。

（四）保障措施

各海区附近的各省（区、市），应当以提升海洋环境的质量状况为核心实施环境污染综合整治，研究开展海洋网格化管理与水质检测，开展河口海湾的生态环境研究和评价与诊断工作，有针对性地实施海洋环境污染整治工作；试点实施国家重要水域污染物总量监控制度研究，并根据“蓝色海湾”等国家重要海洋工程项目的部署，全面推动本实施方案中制定的各项任务和政策措施的有效落地。

沿海各省（区、市）根据《中共中央国务院关于加快推进生态文明建设的意见》《生态文明体制改革总体方案》《党政领导干部生态环境损害责任追究办法（试行）》等相关文件精神，从机构主导、监督管理、资金投入、技术服务等几个方面，对开展近岸海域污染防治管理工作给予全方位保证，积极开展公众和社会监督等相关方面的管理工作。

1. 加强组织领导

强化了地方人民政府的近岸水域保护责任。沿海各省（区、市）要按照《水污染防治行动计划》有关分工和本方案的要求，制定本省（区、市）近岸水体污染防治工作实施方案，并报国家生态环境部审批，同时抄送国务院办公厅和各相关主管。地方各级政府对本地区近岸水体环境保护工作负总责，并要将实施的各项任务按时分解落实到各相关主管部门，明确了各项任务的年度工作目标，搞好环境污染治理计划方案与本地区实施方案的有效衔接，以保证各项任务圆满完成。

2. 强化监督管理

政府及相关主管部门要逐步健全监管措施，全面构建和落实海洋入海污染排放总量管理体系，抓紧制定海洋总氮磷等重要污染物排放总量和低耗水目标指标，研究编制海洋减排目标实施方案和考核办法，同时，进一步规范围填海的管理，合理有序发展保护海岸滩涂，积极建设海洋资源环境承载能力检测预警制度，进一步加强规划环评，逐步提高海洋重点行业的资源环保效率备案登记门槛，倒逼海洋海岸工业的绿色发展。

强化近岸海洋环境监测监控能力建设，逐步健全近岸水域、入海河道和直排海环境污染源检测监控制度，促进近岸海洋环保信息的资源共享。定期进行陆源污染和近岸海洋环保趋势的分析，并动态监控方案执行状况，开展近岸海洋环保预警，及时发现并处理近岸海洋突出的环保问题。强化近岸水域环境监察执法能力建设，提升执法队伍素质，进一步规范环境综合执法，强化执法力量，提升环境执法效能。全面开展环境绩效评价，强化对考评结论在中央资本分配、地方限批、责任追究等方面的影响。

3. 发挥市场机制作用

当地各级人民政府要强化资金投入，统筹近岸水域环境污染防控各项任务，提高资金运用绩效，确保目标完成。发挥有效市场机制效应，形成多样化融资体制，积极开展海洋环境第三方管理，积极推动市场化运作，逐步将近岸水域的环境污染治理领域全部面向社会投资放开，进一步完善回报机制，以合作各方风险共担、收益共享、利益融合为主要目标，积极推广使用政府投资与社会资本合作（PPP）的模式。

4. 强化科技支撑

国家和地区政府要加大对近岸海洋环境污染防控与科研的政策扶持力度，以需求为导向，组织实施近岸海洋环境污染防控共性、关键技术、前瞻性科技研究，进一步强化陆海统筹排污管控、滨海湿地公园生态环境保护管理和恢复、近海渔业资源环境承载力、滨海产业结构转化提升等基础理论研究与科技方案的研发。加强科学技术共享与转移，逐步推出成熟先进的海洋环境污染综合治理与近岸水域生态恢复等适用技术。

5. 加强公众参与

做好近岸地区海洋环保信息发布和公民活动。根据国家有关法规，发布近岸地区海洋环境质量、沿岸地带资源开采与开发利用情况等信息，积极组织公民参加海洋环保公益活动，增强公民维护海洋环境的意识。各级环境保护部门要依法发布建设工程项目环境评估信息，重污染单位应依法及时正确地在当地主要媒介上发布污染物排放量、治污设施运营状况等环保信息，接受社会监督。采取公布听证会、网络征集等多种形式，全面掌握公民对重大决策和项目的看法。完善投诉机制，发挥环境投诉热线电话和平台功能，有效处理公民反映投诉的近岸水域环保问题。

二、海水养殖抗生素滥用治理

水产养殖业的迅速发展，缓解了人们对水产品需求量的持续增加与自然渔业资源日趋匮乏之间的矛盾，并作为国家经济发展的重要动力。为实现农业可持续发展，增加经济效益，对鱼、虾类、双壳贝型动物等的集约化饲养得以全面推行。集约化畜牧业在迅速发展的背后，却存在着饲养密度过大、疫病多发和死亡率高等的问题。作为防止和治愈细菌等传染性病害、改善饲养环境条件和提高繁殖品的健康生长，大量抗生素被用到了集约化水产饲养中。但是，由于缺乏科学有效的监管手段，在当前水产养殖业中滥用抗生素药物的问题还是十分严峻的。因为饲养对象的生物特点，海水养殖给药后效率较低，药物最终被污染到了周围的浅海水体或进入养殖区的沉积物中，或继续蔓延迁移，也因此严重污染了水域环境。所以，海洋养殖业已经成为中国主要的海上抗生素污染源之一。同时，因为政府不合理投放抗生素而导致的海产品食品安全和抗生素耐药性问题也受到了社会各界的普遍重视，而海洋自然环境和人类身体健康也遭到了巨大的威胁。

目前，虽然中国已经进行了较大规模的海洋抗生素污染研究，但造成对海洋养殖的污染却未能受到充分关注。同时，目前针对海洋养殖业的抗生素污染研究多局限于某一海区或养殖区域，并没有系统、全面的海洋养殖抗生素污染水平研究。

（一）我国海水养殖业发展现状

我国有世界上最大的海洋养殖面积，且海洋养殖历史源远流长，自然条件比较良好，养殖产品 70 多种。随着人们对海鲜需求量的日渐增加，中国海洋养殖总量也逐渐上升，并一直占据世界主导地位。2017 年，中国海洋养殖总产量为 20006973 万吨，从中国国内的近海养殖区出发，山东、福建、辽宁和广东是 2017 年海产养殖总量达到 300 万吨的海洋养殖省份，年产量依次是 519 万吨、445 万吨、308 万吨和 303 万吨。利用修建养殖池、筏式种植、底播养殖和网箱种植等，在海边、港湾、内海等处均可进行良好发展的浅海养殖，养殖形式各异。由于人们的意识和海洋养殖技能的提高，鱼儿、虾种、双壳贝、鲍鱼和刺参类等的海洋养殖管理模式，已由粗放式发展向集约化发展。

1. 中国海洋养殖环境的抗生素污染状况

（1）我国海水养殖区水体中抗生素污染水平

因为在海洋的养殖区和海洋间存在着连通性，[50] 投加到养殖水体中的抗生素很难全部被养殖动物取食，一部分会溶于养殖水体中并随之排入自然环境，尤其是取食速度慢的动物（如滤食性的贝类等），很易导致抗生素流失。[51]当被饲养动物摄食的时候抗生素中部分物质未能吸收或降解的，最后经排泄物进入身体水体。[52]由此可见，在海洋养殖中一部分抗生素会进入海洋。

目前，在中国海洋养殖区的水域中抗生素检测水平一般为 ng/L（纳克/升）～μg/L（微克/升）级别。而由于不同区域的饲养习性以及饲养种类构成不同，饲养水域的抗生素质量也会出现地区性差别。值得注意的是，磺胺噻唑、氯霉素、红霉素等禁用抗生素都已经在饲养水域中被检出，[53-56]表明了养殖户中目前或曾经可能出现违法使用抗生素的现象。从对水域中抗生素残留水平的负面影响程度上分析出，抗生素的溶解度、使用频率及其数量才是最主要的负面影响因素。[57]不同生物对抗生素要求不同，会造成饲养水域污染中抗生素的使用残留水平的差异，[58]同时饲养生物的各个生长发育阶段对抗生素的要求也不同，未成年动物的抵抗力低下，就可能需要更多的抗生素用于疾病防治和促进繁殖。而各种饲养方法与海洋的相通性有所不同，也会造成对抗生素的使用污染水平差别。抗生素在水体中的浓度也受到了环境因素的影响，比如在干季的时候抗生素平均浓度明显超过了雨天（$P<0.01$），[59]可以解释为降水对于抗生素的稀释作用；高温则会促使抗生素的生物降解和光解，[60]从而降低了对抗生素的生物利用和保留水平。

值得注意的是，由于近岸海域深受人类活动的强烈环境影响，[61]对于开放水域的养殖业来说，养殖区邻近海域的输入也可能是造成养殖水体内抗生素浓度升高的重要原因，[62]在人类生产活动中使用的抗生素会随着生活污水、养殖废水的排放以及河流入海等过程进入近岸海域，使该区域抗生素浓度升高。[63]Zhong 等发现，采用畜禽-鱼的综合水产养殖（integrated aquaculture）模式[64]的鱼池尾水流对环境中的抗生素贡献要高于独立鱼池，并表明受污染的水流可能会对近岸开放性海水养殖水质产生负面影响。

（2）我国海水养殖区沉积物中抗生素污染水平

沉积物也是海洋中抗生素的主要储藏库。一方面，海水中的抗生素可能吸附在悬浮颗粒物上而沉降进入沉积物中；另一方面，未被生物利用的动物饵料在流入自然水域后，所携带的抗生素最终也会流入沉积物中。抗生素在水体中很容易产生光解和水解，在流入沉积物后抗生素的衰减过程有所减慢，但同时由于抗生素在沉积物中很不易转移，从而造成了抗生素更长时间的积聚。[65]

中国海水养殖区沉降物中，各种抗生素药物的平均含量都超过了纳克/克（干重）的级别，其喹诺酮类抗生素的检出率和含量也普遍超过了其他类型的抗生素。水体和沉积物中的抗生素类型高度一致，与水体抗生素的沉降相关，但沉积物中各种抗生素的占比情况却与海洋有显著不同，因此抗生素在海洋中的生物迁移及其动力学过程，引起了学者的普遍重视。

沉积物-水分配系数（distribution coefficient，Ka），即达到吸附平衡时有机物在沉积物和水中的浓度之比，[73]常用于表征抗生素在水和沉积物之间的分配情况。喹诺酮类抗生素的分享系数通常较大（Kd，sediment=54 升/千克~7000 升/千克），表明喹诺酮类更易转移流入沉淀物中，致使其自然生物分解的概率下降，形成环保持久性；[67]而磺胺类抗生素分配系数较小（Kd，sediment=10. 6 升/千克~2096 升/千克），表明了磺胺类药物更亲水，也解释了磺胺类药物在浅海沉积物中的占比低于海洋的比例现象。[68]抗菌剂在水体和沉积物中的分配情况，受植物有机质含量、pH、地下水体动力强度、表面活性剂、沉淀的细粒度和孔隙率等多方面的因素影响。有机质也是环境污染产物的重要吸附物，[69]但海水中在饲养环境下产生的残饵和排泄物也都是富养分有机废弃物，或许是导致饲养区沉降物中抗生素的使用浓度上升的最重要原因。

（二）抗生素在水产养殖中的优点

1. 用于治疗疾病

马国军等人[70]在《抗生素在水产养殖上的应用》一文中提出，抗生素在较低浓度条件下可抑制或杀灭一些细菌。如今的水产动物病害产生原因主要是由不同的致病菌所传染而来的，此类病菌通常可以使用抗生素加以杀死，如在饲养中产生的高致病性气单胞菌可以用氯霉素加以抑制等。[71]

2. 促进水生动物生长

有些种类抗生素还具有促进水生动物繁殖的功能。水生动物在肠道不良的状况下可使用往饲料中加入较小剂量抗生素的方法加以改良，提高饲养动物的消化吸收率。[72]不过也有另一部分研究者指出，并不是所有的抗生素都能对饲养动物起到促生长作用，起作用的只能是某些特定的、能抑制动物大肠中病原细菌生长的物质抗生素。[73]尽管如此，有关科学研究和学者也不能否认抗生素具有促进生长发育这一优点。

3. 提高饲料利用率

陈琴等人[74]在她的《EM 在水产养殖中的应用》等论文中，提到将 E 菌拌入饲料中进行投喂能够增强鱼对食品的消化吸收功能，同时提高了鱼的防病抗逆能力，有助于水产健康成长。

（三）水产养殖中抗生素使用所带来的副作用

1. 产生耐药菌株

使用抗生素所引起的耐药性问题，一直是被频繁提及且极为关注的内容，其形成机理大多来源于水产生物体细胞，它们通过调节自己的分子结构等方法从而形成避免抗生素的机理，[75]而在饲养过程中大量添加抗生素，会导致水产生物细胞逐渐增强对人体抗生素的耐药性，甚至彻底对抗生素免疫，从而造成细菌耐药性菌株数量增多和耐药性提高，又或者向人体传染，从而导致人体药物失效，严重威胁人体健康甚至生命安全，因此常被科学界称为“细菌复仇”。土霉素、金霉素等药品一直是预防海洋养殖中弧菌病的较好药品，但是近年来它们在工业生产上却体现得力不从心，而耐药性细菌的大量生成也导致服用的药物量越来越多，但效果却越来越不好，同样也对人们的公共卫生健康带来了危胁。

2. 药物残留于水产品中

这些抗生素在使用时会被水生生物大量排泄，只有很少部分会在体内残留。[76]郝勤伟等人[77]通过研究各种抗生素在鱼体内的含量表明，在不同的鱼组中，使用抗生素的种类不同，其积累总量也会发生变化，而且进一步的研究数据表明，抗生素在鱼体血液、肌肉和肝脏中的富集能力，均较在身体其他组织中富集的能力强。鱼类身体中的心肌等收缩力组织是消费者可食用最大的部分之一，但如此长期食用会导致所摄入的微量抗菌剂在人体内逐渐蓄积，最后可能会引发身体健康问题。

3. 破坏微生态平衡

海洋是水生动物，包括了多种的有益细菌，如透光性菌、硝化细菌等。水生动物的消化道内也含有大量的有益细菌，如乳酸杆菌和部分弧菌等。它们在保证水体环境平衡、水生动物的新陈代谢平衡中起着至关重要的作用，并成了水产动物体外微生态平衡中的主要成分。但抗生素在有效控制或杀死病原微生物的同时，也可能会拮抗这些有益细菌，使水生动物体外的微生态平衡遭到破坏，引起微生态环境恶化以及消化吸收功能障碍从而诱发新的病症。

4. 污染水源

抗生素的滥用也十分危险，其主要危险之一就是使用过量而造成的水源被污染问题。某些抗菌剂类药物如孔雀石绿、四环素等，在动物养殖中使用过后就会产生大量次级代谢产物进入水体环境中，因为这些次级代谢产物具有无法降解、不易去除、高残留、高度危害的特点，再加上动物养殖的集约化程度日益增强，以及动物养殖密度提高、动物过度投饵、排水不彻底等方面的因素，水域环境污染进一步恶化，而水源污染也将变成必然趋势。

5. 抑制免疫系统

抗生素的大量使用，对人类免疫过程产生的负面影响主要表现为吞噬细胞功能的抑制，一是直接影响吞噬细胞的功能；二是通过影响微生物生长而影响吞噬细胞对细菌的趋化、摄取和杀伤等功能。

（四）抗生素滥用给水产养殖带来的危害

1. 对海洋生态环境的影响

海洋水产养殖海域的抗生素含量一般较低，病菌只有在低抗生素浓度的条件下才能形成耐药性基因，从而造成耐药性病菌不断滋生，养殖水域的生态平衡因此遭到破坏。海洋环境里的细菌种类与数量也会遭受抗生素的影响，主要原因是抗生素影响了细菌代谢活性。在海洋沉积物中残留的抗生素，会杀灭并抑制保持生态平衡的有益细菌数量，但这种细菌在降解作用和循环的生态循环过程中起重要作用，甚至在厌氧环境下还会形成更多毒性、有害物质，从而导致了海洋自然环境的逐步恶化。[78-79]

2. 对海洋生物的影响

大量科学研究已证实，抗生素可对海水生态环境中的许多藻类产生明显毒副作用。对多数浮游动物，诺氟沙星对大型溞有明显的急性毒性；水中斑马鱼的胚胎如果长期暴露于抗生素药物环境中，也可能产生畸胎效应。[80-83]水中的抗生素被海洋动物长时间摄食后，容易诱发出耐药的抗性基因细菌，这种细菌经由新陈代谢、转化等途径逐渐在养殖水域聚集，随着河流进入自然水域。抗性基因的水平迁移、扩散与暴露在海洋环境中抗生素种类和浓度直接相关。在多家海水养殖水、沉积物及鱼、贝类体内都检测到抗性基因。同时，水产饲养大都采取投喂外源性饲料方法进行饲养，外源性感染饲料种类多，应用广泛，极易出现混乱用药、药物不合理、药物过量等状况，产生大规模饲养问题，引起了国内外高度重视。饲用含抗生素的动物养殖饲料会抑制被养殖动物机体的免疫机制，进而导致生物体内形成耐药菌株的概率上升。在水生动物体内产生的抗性也会带来很多后果，更有甚者一旦感染就会无药可用，从而导致人工养殖的失败。

3. 海产品中的抗生素残留对人类身体的影响危害

服用抗生素或体内残留了抗生素的海产品后，对人们身体健康的影响大致包含了药品不良反应（adverse drug reaction，ADR）和抗生素耐药性两个主要方面。很多抗生素具有抗原性，人体摄入后可能出现荨麻疹、胃肠道反应、再生障碍性贫血等症状;[84]人体内若长期存在较低强度的抗生素则会形成慢性中毒反应，并对人体器官产生伤害;[84]抗生素经人体代谢后的代谢产物仍具有生物活性，有些甚至比母体化合物毒性更大,[85]同时也会危及人类身体健康。近年来，微生物耐药性问题一度成为公众关心的热点话题。抗生素使用不当，会促使饲养动物内抗生素抗性菌（antibiotic resistance bacteria，ARB）和抗生素抗性基因（antibiotic resistance genes，ARGs）的产生，随着排泄物排放进水体后，养殖塘及连接海域成为 ARGs 的储存库,[86-87] ARGs 还会对公众身体健康和食品安全构成威胁。有研究表明，ARGs 与抗生素可以经由食物链的传递而进入到最高营养等级的生物体中,[88-89]当人类大量饮用包含抗生素以及 ARGs 的海产品之后，可能会改变人类消化道菌群的形成；如果 ARGs 通过低水平基因传递而被致病菌所获得，还会影响有关病症的诊断疗效，进而危及人类身体健康。目前，定量评价食物海产品对人类的健康风险的方式，主要是通过比较每日估计摄入量（estimateddailyintake，EDI）和由世界卫生组织提出的每日安全摄入量（acceptable daily intake，ADD）。通常认为当抗生素的 EDI 值超过 ADI 的 5%时存在明显高安全风险，而小于 1%时则不存在明显的高安全风险。[90]利用这种评价手段，在珠三角区域和北部湾地区生产的养殖品中抗生素制剂的 EDI 值远小于 ADI，因此对公民身体健康并未构成明显危险。[91-92]这些评价手段都已经获得广泛应用，不过面临着无法评价抗生素之间的复合效果以及由此形成的长期耐药性危险等缺点，同时也未能把某些敏感群体（如孕妇、老年人和儿童等）列入考虑范畴，所以其综合评估效果仍有待进一步检验。

（五）水产养殖抗生素滥用的解决途径

1. 降低抗生素使用量，开发抗生素代替品

在不影响健康或影响医疗效果最小的情况下，应少量使用抗生素，多使用绿色保健类药品。中国已经找到一些有效果的药物来作为抗生素的替代品。

酶制药功用。指使用酶制药的二大类功用。一方面要以研究大分子物质为重，通过破坏动物细胞壁而使其内的细胞将内含化学物质释放出来；另一方面，则要以研究抗营养物质为主来提高动物对其投喂饲养时的合理利用。

微生物制剂。微生物制剂主要包括体外微生物制剂和体内微生物制剂两种，在水产养殖中主要用作水体改良剂用以改良水体环境，或用作饲料增味剂用以提高饲料品质，从而增加了饲料中有益成分的生物价值。由于它所拥有的安全无害、无残留、价格较低等优势，而备受饲养者欢迎和广泛应用，因此合理应用微生物制剂可以提高在饲养水体环境中有益的菌群的生态优势，也具有推动水产养殖科学与良性发展的重要意义。

化学消毒剂。化学消毒剂的主要成分漂白粉在池塘中能大量杀死有害病菌，是有效预防细菌性疫病的利药，同时还能进行鱼塘杀菌。

酸化剂。通过酸化剂能够改善动物机体内胃酸情况，从而促使各种耐酸细菌的生长繁衍，进而降低了动物病理性腹泻出现的可能性。而且通过酸化剂还可以增加动物饲料酸性，进而促进动物饲料的完整利用。

中草药制剂。中草药制剂集营养与药用的功能于一身，作为添加剂应用可达到一定效果，对疾病的抑制度高且不易于复发。中药制剂作为

纯天然产物，能很好地解决因抗生素滥用而导致耐药性产生的弊端。

2. 合理利用渔业休药期

水生生物体内的抗生素残留量超过了一定量后就无法再蓄积，而且可以在停止饲喂后一段时间内就自动消除。不同的抗生素在水生动物体内的代谢排泄过程也有不同的周期，所以，必须在起捕上市期前的休药期间，就停止继续应用抗生素制剂。

3. 规范抗生素的使用

（1）少用抗生素

在不影响疗效的情况下，应当减少使用抗生素，多用绿色生物制剂如鱼用疫苗、噬菌蛭弧菌药物、抗菌肽药物、免疫促进剂等。

（2）明确诊断，对症下药，有的放矢

绝大多数抗生素只对细菌性疾病或真菌性疾病有效，对病毒感染所引起的疾病则作用很小或根本不起作用。对于细菌性疾病，疾病不同，所用的抗生素也不同。在有条件的地区最好开展对致病菌的分离研究，或通过药敏实验，有针对性地选用药物，这会取得“药半功倍”的疗效。

（3）选择适宜的剂量

选用合理的用量是巧用抗生素的关键，应该确定用量，切勿滥用。药量小了，效果不可靠，而且易形成耐药性细菌，引起二重感染；用量太大了，不但提高了生产成本，也造成了大量浪费，同时增加了药物残留和损害生态平衡的副作用。因此，养殖户应当根据技术人员的指示或按照相应药品的建议剂量服药，切忌滥用。

（4）轮换用药

长时间持续应用同类抗生素是引起耐药性细菌产生的主要因素。可以制定科学合理的药物方案，轮换药物、穿梭服药，防止长时间应用同类药品。循环药物就是在一种抗生素应用一段时间之后，再换用不同品种的抗生素，且两种抗生素之间并不会产生交叉耐药性。而穿梭药物就是在水生动物的各个生长发育阶段应用不同品种的抗生素，从而达到减少耐药性菌株产生、增加预防治疗效果的目的。

（5）严格遵守休药期

据调查，当抗生素在畜禽体内的残留量超过一定量时就不再继续蓄积了，而在暂停饲喂后经过一段时间便可完全在人体消失。虽然一般抗生素的消退时限约为3～6天，但是通过控制抗生素的使用时间是完全能够缓解其残存问题的。抗生素在水生动物机体内的代谢与排泄都是有规定时限的，因此不同的抗生素有不同的代谢期。在起捕上市之前的休药期间内就应该立即停用抗生素药品，而不能因为市场需求或别的因素在休药期结束之前就把水产品重新上架售卖，以防止因抗生素药品的长时间残留而危及人体健康。

三、红树林保护修复行动

红树林是中国热带、亚热带海岸带海陆生物交织区生产能力最大的浅海生态系统之一，在净化海洋、防风消浪、保护海洋生物多样性、固碳储碳等方面都起到了至关重要的作用。近年来，中国红树林保护修复工作得到积极开展，初步改变了中国红树林面积大幅下降的态势，但红树林总量偏小、生境严重退化、海洋生物多样性显著减少、外来生物大量入侵等问题还比较突出，地区整体保护协调不足，环境保护意识与管控力量还相对薄弱。为全面贯彻并落实习近平总书记有关红树林保护与恢复工作的重要指示与批示精神，科学有序开展红树林保护与恢复工作，进一步增强红树林生态系统质量与稳定性，自然资源部、国家森林与草地管理局提出了本行动计划。

（一）总体要求

1. 指导思想

以习近平新时代中国特色社会主义思想为指引，严格保护现有红树林，科学实施红树林生态恢复计划，增加红树林覆盖面，增加海洋生物多样性，整体提升红树林生态系统品质，全面提升生态商品供应能力。

2. 基本原则

生态优先，整体保护。强调了红树林的生态功能，从全方位进行了环境保护，以保证红树林的生境连通性和生态多样性，对整个红树林生态系统实施了全方位保护。

敬畏大自然，科学修复。按照红树林自然生态体系演替变化规律和其内在机制，通过科学合理评估认定红树林的适宜修复范围，并通过自然修复与适宜人工修复相结合的方法进行生态恢复，并优先选择本地树种。

因地制宜，有序发展。根据我国各地红树林保护恢复的突出问题，确定了不同区域政策规定，优先在红树林自然保护地内进行恢复，并逐渐拓展至全国其他适合修复的地区。

分级管理，各方参加。根据中央和各地事权规划，明晰红树林保护恢复责任，建立社会投入制度，鼓励和吸引社会力量投入红树林保护与恢复工作中。

3. 行动目标

对浙江省、福建省、广东省、广西壮族自治区、海南省的现有红树林进行了全面维护。开展红树林自然保护地建设工程，逐步完成自然保护地内的养殖塘等开发性、生产性建设活动物的处置，逐步修复了红树林自然保护地的生态功能。开展红树林生态恢复工程，在适宜的恢复地段营建新红树林，并在衰退地段进行抚育和品质改良，以增加红树林覆盖面，进一步改善红树林生态系统品质与功效。到 2025 年，将营造与恢复红树林面积 18800 公顷，其中，新营建红树林面积 9050 公顷，恢复现状红树林面积 9750 公顷。

（二）重点行动

1. 实施红树林整体保护

优先保护红树林生态。在生态保护红线划分中，根据应划尽划、应保尽保的特点，根据有关部门基础性研究和科学评价结果，把所有红树林及其相关自然保护地，连同自然保护地以外的红树林地区、红树林适宜恢复范围，全部纳入生态保护红线进行严格保护。

严格红树林地用途管理。从严控制涉及红树林的人为活动，在红树林自然保护地及核心保护区内原则上限制人为活动；各地方政府严格限制开发性、生产性的建设活动，可在有效管理土地资源、不危害红树林生态系统功能的前提下，进行环境适宜的南京大学林下诗社科普体验、生态旅游及其生态养殖活动，经法律许可后开展科学观察、标本收集等活动。除国有重大项目外，政府不得侵占红树林地；对确需侵占的，须进行不可避让性专家论证，按程序批准。

2. 加强红树林自然保护地管理

调整布局和建设红树林自然保护地。贯彻落实中共中央办公厅、国务院办公厅印发的《关于建立以国家公园为主体的自然保护地体系的指导意见》和自然资源部、国家林业和草原局印发的《关于做好自然保护区范围及功能分区优化调整前期有关工作的函》（自然资函〔2020〕71号）等文件要求，我国各地将按照国家自然保护区规模不减少的要求，进一步开展对既有红树林保护地覆盖范围的优化调整管理工作，并推进新建若干红树林类保护地。同时，在红树林国家级、省级自然保护区覆盖范围优化调整期间，严禁将养殖塘地域调出原自然保护区覆盖范围。

有序处理自然保护地内养殖池塘问题。对红树林等自然保护地内的非法放养池塘依法全部予以处理；对现有的合法养殖池塘，在到期后不得再续期；对尚未到期的鼓励及时退出，并予以合理赔偿。在清退后要对原养殖水塘区域进行必要的维护更新，为红树林营造良好的生长环境提供了必要条件。

完善了红树林自然保护地的管理机构制度。根据海洋自然保护地管理的相关法规，进一步完善了基层红树林管护机构建设和专门技术人才培训，提高了红树林保护区管理、环境监测和宣教等设施水平和装备能力。

3. 强化红树林生态修复的规划指导

统筹红树林保护恢复建设。贯彻《全国重要生态系统保护和修复重大工程总体规划（2021—2035 年）》，加快制定海岸带生态保护和修复、自然保护地建设及野生动植物保护重大工程建设规划，继续落实《全国沿海防护林体系建设工程规划（2016—2025 年）》《海岸带保护修复工程工作方案（2019—2022年）》等，在海洋生态环境保护恢复、湿地环境保护恢复、自然保护地系统建设中统筹兼顾红树林保护恢复等工作，研究确定红树林保护恢复工程的地域布局、建设任务、重要内容。

落实红树林保护恢复的任务。各地政府负责制定红树林的保护恢复行动具体方案，制定对红树林自然保护地内养殖池等人工建设的清退规划，细化目标任务、具体范围和项目，并落实资金来源和措施。

4. 实施红树林生态修复

科学种植红树林。在对红树林资源现状研究的基础上，通过科学论证、合理确定红树林的适宜恢复地。在对自然保护地内养殖池塘清理和辞退的基础上，优先进行红树林生态恢复，并坚持宜林尽林，择优选择本地的红树种类，以增加红树林覆盖面。至2025年，将营造红树林9050公顷。其中，海南2000公顷。

恢复现状红树林。指统筹进行对现状红树林生态系统中的林地、潮沟、林外光滩、浅水水域等地区的恢复，尤其是对人工纯林、害虫侵袭、生境严重衰退的红树林等地区开展抚育工作，并通过树木更新、害虫消除、潮沟和光滩修复等举措，对红树林生态系统加以恢复，增加生物多样性。到2025年，将修复全国现有红树林面积9750公顷。其中，海南3200公顷。

保护珍稀濒危红树物种。深入开展珍稀濒危红树植物研究、检测与评价，做好对红榄李、海南海桑和卵叶海桑等珍稀濒危种类的抢救性保护与修复，进一步增加了稀有濒危红树种类面积。

加强后期管护工作。对重新营造的红树林地区实行了严密的保护措施，严格落实管护责任，对成活率不达标或分配不均的土地进行补栽。按照红树林繁殖规则，定期对红树林营建能力和效果做出评估。营建一年后，对其成活率、繁殖状况等做出评估；营建三年后，对其保护面积、林分健康状况等做出全面评估，依据评价结论，提出并实施后续保护恢复方案。

保障红树林苗木供给。对红树林苗木基地进行摸底调研，完善了现有的红树林苗木基地建设，新增若干红树林苗木基地，以提高红树林苗木供应能力。

5. 强化红树林科技支撑

开展了红树林保护修复的科技攻关工作。深入开展对红树林种类选择、引进与实验、种植抚育、病虫害防控、稀有生物保护、危害生物防治、结构单一人工林和退化次生林提质改良、红树林减灾功能等重大课题的科学研究与科技攻关，以提高现有科技集成能力和成果推广应用，以促进“产学研用”的一体化建设。

完善了红树林保护修复的研究设施和标准制度。建立了一批红树林生态定位工作站、重点实验室、技术研发中心和示范基地。完善了红树林保护修复的技术标准体系，并制定修订了有关技术规范。

6. 加强红树林监测与评估

进一步提高了对红树林生态系统的动态监测技术能力。改进现状监测体系，建立健全我国红树林监控联网，建设我国红树林监测监管的公共信息平台，并利用卫星遥感等先进技术手段，精确掌握红树林资源、生态多样性、主要生态功能、环境质量状态等的动态变化。

开展红树林生态恢复全过程监控评价。对红树林生态恢复项目管理区域的自然环境、建设项目执行状况、生态系统恢复成效、防灾减灾能力以及综合经济效益开展持续监控和评价，推动生态恢复管理水平持续提升。

7. 健全红树林保护修复法律法规与机制体系

推动了红树林保护修复立法。积极推进红树林保护相关立法的编制修改工作，在《湿地保护法》制定和《海洋环境保护法》的制定及其有关地方性法律修改工作中进一步健全红树林保护修复的法规制度。

完善地方红树林保护修复制度。各地根据本地区工作实际，健全红树林保护与修复制度体系。各地落实在国土空间规划中统筹划定三条控制线的有关规定，明确对红树林保护区域内允许开展的有限人为活动的具体监管要求。

（三）保障措施

一是进一步强化组织领导。由自然资源部、国家森林与草地管理局会同相关部门，负责对行动计划实施的统筹部署和督导监管，并统筹实施红树林保护恢复任务。省自然资源、森林与草原主管部门等单位负责对本区域行动计划的组织落实，将红树林保护恢复工作任务分解至地级市、县。市、县政府承担对红树林保护恢复的主要责任，牵头构建红树林保护恢复地区协作联动机制，负责开展红树林生态保护恢复工作。海洋自然保护用地管理局依法履行职责，健全红树林保护管理体系，做好日常的监督管理工作。

二是强化政府投资政策保障。地方自然资源部门充分运用在海洋生态环境保护修复等方面的中央财政资金渠道，帮助当地企业实施新红树林营造和现有红树林恢复等投资工作；国务院森林与草地管理局充分运用国家湿地保护区恢复建设等方面的中央财政资金渠道，积极帮助全国各地开展红树林管护、监测等工作。自然资源部按照每年全国红树林造林工作完成总面积的 40%，对当地予以新建设用地计划指标奖励。

三是推动市场化保护恢复。进一步落实国家有关推动资源产权制度改革规定，遵循谁修复、谁收益的原则，积极引导社会力量参与红树林保护性恢复工作。研究实施了红树林碳汇专项研究，以探讨构建红树林生态产业价值实现路径。同时各地政府可结合实际，研究提出促进红树林市场化保护修复的具体政策措施。

四是加大宣传、公共投入和海外合作。全省各地都要积极开展对红树林保护修复工作的宣传教育活动，对典型案例、有效模式和先进人物等予以广泛推广。充分调动了公民群体积极参与我国红树林保护恢复管理工作的主观积极性，建立健全政府与社区共建共管机制。积极促进国际交流和合作，引进先进技术和资本，学习借鉴海外的先进理念和发展成就，展示我国红树林保护恢复成功的重要经验、关键技术和经营管理模式。

第十二章

海南海岸线现状及治理路径

一、2020 年海南海岸线情况

按照 2020 年海南省海岸线修测数据，海南省的海岸线总长约为 1822.8km（约为 1823km），比过去常用数据 1528km 多出近 300km。新数据中，自然海岸线长约为 1226.5km，占本省海岸线的 67.3%，人工海岸线长为 596.3km，占本省海岸线的 32.7%。但近年来，又有研究者运用海洋遥感技术对海南省局部地区海岸线的变化状况开展了深入研究，成果均指出，近年来海岸线主要受人为因素，如近海养殖、外围填海施工、港口工程和鱼塘围垦等因素影响，人工海岸线增加明显，西北部人工海岸线比例增长到 113%，其中，占比从 2005 年的 24.3%增长至 2016 年的 51.6%；同时自然海岸线长度明显下降，局部砂质海岸线腐蚀严重、功能显著下降。《海岸线保护与利用管理方法》中规定：到 2021 年，实现海南省内自然海岸线保留率不小于 55%，并从严控制建设项目侵占的自然海岸线，实施海岸线整治修复行动。（数据来源：海南省海洋与渔业厅）

二、近海空间资源利用总体情况

海南省全省海岸线长1822. 8km（约为1823km），浅海滩涂面积广阔，目前，养殖水域滩涂指海南岛及近岸海域范围内已经进行水产养殖开发利用和目前尚未开发但适于水产养殖开发利用的所有（全民、集体）海域、滩涂，计划总量为251. 64万公顷，其中养殖海域面积77. 91万公顷，占规划总面积30. 96%。20m水深以内浅海滩涂面积共约38. 5万公顷。其中，20m水深以内滩涂面积约12. 8万公顷，占全省的33. 2%；20m水深以内浅海面积25. 7万公顷，占全省的66. 8%。经统计分析，截至2020年年底，全省20m以上平均水深以内的外海水面资源已开发利用面积约6. 2万公顷，资源开发利用率达到了16. 1%。近海渔业空间资源开发利用主要以渔业资源挖掘与开发利用为主，2020年海南省的海洋捕捞产值占比为65. 2%，远高于全国37. 2%的平均水平。渔业用海面积在全国各类用海面积中排首位，达到5. 1万公顷，占全国用海总量的82. 3%；石油开采等工业用海面积约为1万公顷，占全国用海总量的16. 1%；而海口航道等交通用海和其他各类工业用海，所占比重均不到1. 7%。（数据来源：海南省人民政府、海南省自然资源和规划厅）

三、近海水产养殖现状

2020年，海南省已开发养殖面积为51482公顷，海水养殖面积为20510公顷，其中鱼类5369公顷、虾蟹类12713公顷、贝类1823公顷、藻类560公顷；淡水养殖面积为30792公顷。而琼海市土地确权的海洋养殖面积为2892公顷，占全省海洋养殖面积的5.6%，其中，海水养殖面积为592公顷，占全市海洋养殖面积的1.1%；淡水养殖面积约为2300公顷。在当前，琼海市养殖用海类型主要有两种，即“开放式养殖”和“围海养殖”。开放式养殖用海面积约416公顷，占琼海市用海养殖面积的70.3%。而围海养殖用海面积约为176公顷，占全省用海养殖面积的29.7%。（见图1）（数据来源：海南省统计年鉴）

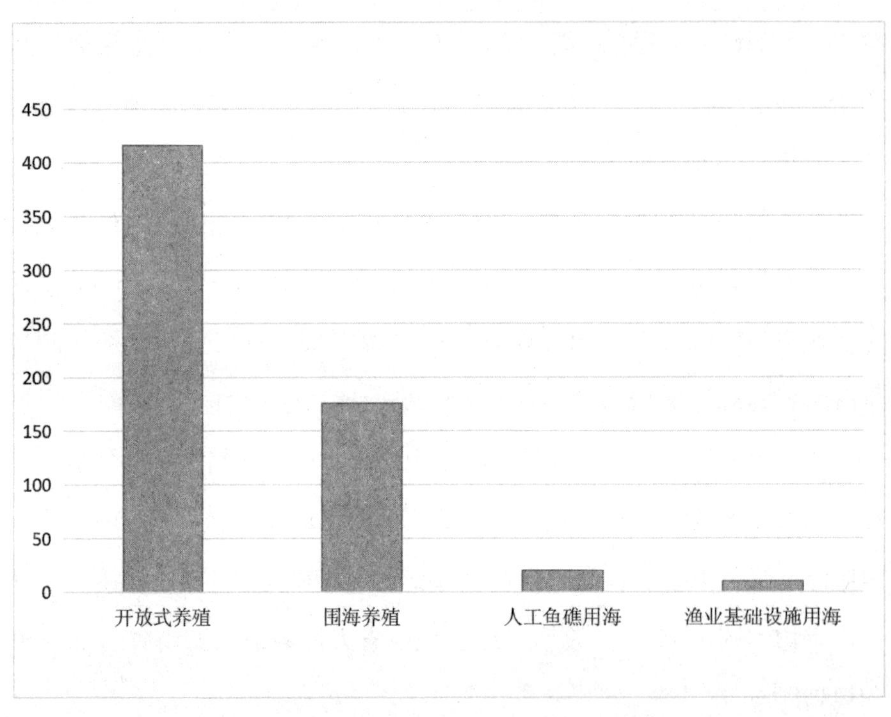

图1　2020年琼海市浅海滩涂渔业用海情况（单位：公顷）

从图1中可以看出，开放式养殖和围海养殖的用海面积最大，但因此也给琼海市带来了一系列海岸线生态问题。

四、存在的问题

近海养殖业在1998年开始规模化发展，为改善人民生活做出了巨大贡献，同时也成了海南省以及琼海市长坡镇的重要产业。但由于过度开发和滥用养殖抗生素等药物，破坏了原有的人类—动物—环境之间的稳态，造成了一系列生态问题。

（一）环境污染严重，养殖水质量堪忧

在对琼海市长坡镇椰林村委会辖区海岸线进行实地考察发现，生态环境问题污染比较严重：生活垃圾、工业垃圾夹杂着各种海底水草、藻类残枝呈带状散落在海滩上；水产养殖户将部分污水直接排进大海；海滩上存在大量的鱼类尸体；等等。经走访调查得知，该鱼类死亡的原因大致可分为两大类：一是海浪携带海洋鱼类尸体至海滩，二是人为因素影响。为了进一步了解养殖塘对海洋造成的污染程度，我们对所发现的直接对海排污口、附近海水以及经过多重过滤处理后的养殖塘污水进行分别取样，结果表明养殖场直接对海排出的水质最差，呈深褐色，有异味。入海后排污口附近水域的环境质量总体情况较差，78%以上的排污口都无法达到所属海域海洋功能区的环境要求。在琼海市海水养殖规模和生产率不断保持在较高水平的状况下，海洋养殖已成为中国近岸海洋最主要的污染源之一。

（二）抗生素滥用普遍存在

根据对琼海市长坡镇的龙湾港、椰林村委会辖区海岸线和青葛港的实地考察发现，随着养殖业的迅猛发展，附近海域海水抗生素滥用情况普遍存在，主要原因是近海虾塘、鱼塘的养殖废水未经处理就直接排

放。经过在现场抽取不同水平的样本后，经送检技术人员判断后，从这几个港湾周边的养殖土壤和水体中，抗生素检出水平普遍为 ng/L～ug/L 级别。其中，红霉素、氯霉素等禁用抗生素在养殖水体中被检出，这也表明了饲养户目前或曾经出现过违法使用抗生素的行为。而因为人们在生产活动中所用到的抗生素，会伴随生活污水、养殖工业废水的污染以及河水入海等过程而流入近岸水域中，使该地区的抗生素含量增加。抗生素制剂的滥用，给鱼虾、人类等都带来了极大的健康危险：大量食用含抗生素的饲料会抑制被饲养动物机体的免疫力，从而使其体内形成耐药细菌的概率大大增加，而在水生动物身上形成的耐药也会造成很多后果，更有甚者一经感染就会无药可用，从而导致生物繁殖率降低；大量使用有害抗生素类药物，导致其在水产品的体内大量残留，而人类在降低用这种水产品的同时也给了大量抗生素进入体内的机会，而长时间大量服用必然会使人类肠道中微生物菌群的抗性逐步增强，并最终降低了人类利用抗生素的效果，同时由于水体环境中有机质的大量累积，逐渐使水体环境中出现了富营养化，久而久之便会直接影响人类健康与安全。

（三）近海滩涂生态功能受损

随着近海养殖业的蓬勃发展，人类对近海滩涂的过度利用带来了巨大的生态损害与污染，使得很多滩涂丧失了原有的生态功能。在滩涂建设海参养殖池塘，并向海滩上排放大量水产养殖废物也是造成海滩退化的重要因素之一。琼海市长坡镇可监测的 50%以上的滩涂处于亚健康和不健康的状态。

（四）红树林负面影响日益严重

20 世纪 80 年代至 90 年代期间，由于鱼虾池养殖盛行，养殖户的人员主要承担着巡池、养殖、除杂、排换水等有关任务，在饲养过程中对所产的养殖尾水并不加以严格经管理而进入红树林流域，严重损害了红树林生态系统的稳定性。但通过对琼海片区建设和红树林调查研究后表明，目前红树林的斑块数量从 65 块增长至 164 块，增长幅度为 152%；斑块密度由 0.53 块/100hm^2 增加至 1.27 块/100hm^2，分离度指数提高了 260%，但集中程度指数则降低了 2.4%，这表明红树林斑块正在日益碎片化，与斑块连接程度也日益降低，这主要是受过量捕猎、围垦和近海养殖的影响，以及人类活动对红树林的不良环境影响日益严重，其中，近海养殖的迅猛发展对红树林的影响尤为严重。

五、治理路径和对策

（一）降低水产养殖自身污染

制定近海水产饲养的规章制度，提高水产饲养技能，规范养殖过程中的废水排放。利用水与所饲养动植物之间的生物代谢的互补性，可以消耗对自身不利的生物代谢素，也因此减轻了对自身及所养殖水域的污染程度，这对于保护水域自然也是非常有益的。试验研究结果证实了：利用虾池中的扇贝、生蚝和海参等混合作物，以及利用海洋中的海草和贝壳等，不仅可以促进养殖海洋生物和养殖水体之间的养分平衡，同时还能够开发和充分利用养殖水体的生产潜力，以此推广提高农业生产水平，并产生了显著的效果。

（二）合理规范使用抗生素

海南省的水产畜牧工作者由于相对传统文化技术水平较低，普遍仅凭感觉服药，不注意合理预防和科学服药，造成滥用药物的比例逐渐上升。在水产饲养环境中过量应用各种抗生素，造成药品应用紊乱，对鱼类种群造成严重的创伤。所以，在抗生素的选用上要根据抗生素的抗菌谱，在饲养过程中合理、科学地改变、交替和更换药物，避免长期大量混合使用抗生素，是缓解和扭转这种现象的好办法。同时，在不降低治疗效果的前提下，应尽量减少抗生素的使用，多使用有机生物制剂，要有明确的诊断，并开出合适的药物和剂量。选用适当的剂型是明智应用抗生素的关键。低剂量不安全，易产生耐药性菌株并引起二重感染；高用量不但会加大成本与经济损失，而且还会加重药物的残留和损害地球生态平衡等副作用。养殖户须根据有关人员的指示或严格按照有关药品的建议剂量服药，但切忌滥用。否则，不仅鱼类的健康会受到影响，而且食物链末端的人类的健康也会受到影响。

（三）实施海岸线整治修复

鼓励改善生态系统服务，注重恢复和复原，同时考虑到沿海地区独特的生态问题、功能布局和发展方向。编制恢复规划和治理措施，以修复自然的海岸生态功能，扩大国家海洋生态区，并把海岸线复原与重建的规模与效益，视为我国海洋空间规划的一项重要目标，并编制了我国海岸线复原与重建的五年计划和年度计划。国家设立了全国海岸线修复重建重点项目库，由省级以上自然资源主管部门组织制定了本行政区域的五年期规划和年度目标，内容主要包括了海岸线修复重建的总体目标、重要资金保障领域、重点建设项目种类、主要技术条件和质量控制措施。在有潜力的沿海村镇开展了生态海岸线建设的试验示范，通过创造海洋植被自然景观，以提高海岸线的自然化和生态化。选定和公布了若干生态海岸线，以适当的方式向公众开放，并根据取得的经验制定政策，在全省范围内推广。

（四）加强红树林生态保护

红树林区域的生态建设，应当坚持尊重自然资源、因地制宜、协调实施、分类管理、多方投入、生态建设优先、严格管护的基本原则。严格控制与红树林有关的人为活动，在红树林保护区的核心区域禁止人为活动。适应和优化红树林保护区，适当清理保护区内的养殖塘，一旦清理完毕，必须要恢复和改造原有养殖塘区域，以便于建立红树林。在拆除自然保护区内的农业池塘的基础上，优先考虑红树林地区的生态恢复问题，要求所有的森林都要适合，优先考虑本地红树林，扩大红树林面积。对存在于红树林生态系统中的森林、潮汐小河、海滩，以及其他地方的修复工作将以综合方法实施，尤其是通过修复清洁的人工林、入侵的害虫以及逐渐衰退的红树林，并且运用树木转移、害虫抑制以及修复光滩等措施来修复红树林生态系统和增加生物多样性。

参考文献

[1] 杨哲玲，雷富 .《海洋学术语 海洋地质学》国家标准公布 [J] . 海洋信息，2001（1）：8.

[2] 陶明刚 . Landsat-TM 遥感影像岸线变迁解译研究——以九龙江河口地区为例 [J] . 水文地质工程地质，2006，33（1）：107-110.

[3] 许宁，高志强，宁吉才 . 基于分形维数的环渤海地区海岸线变迁及成因分析 [J] . 海洋学研究，2016，34（1）：45-51.

[4] 孙丽娥 . 浙江省海岸线变迁遥感监测及海岸脆弱性评估研究 [D] . 青岛：国家海洋局第一海洋研究所，2013.

[5] 武芳，苏奋振，平博，等 . 基于多源信息的辽东湾顶东部海岸时空变化研究 [J] . 资源科学，2013（04）：875-884.

[6] 徐进勇，张增祥，赵晓丽，等 . 2000—2012 年中国北方海岸线时空变化分析 [J] . 地理学报，2013（05）：651-660.

[7] 杨磊，李加林，袁麒翔，等 . 中国南方大陆海岸线时空变迁 [J] . 海洋学研究，2014，32（3）：42-49.

[8] 闫秋双 . 1973 年以来苏沪大陆海岸线变迁时空分析 [D] . 青

岛：国家海洋局第一海洋研究所，2014.

[9] 陈晓英，张杰，马毅，等．近40a来三门湾海岸线时空变化遥感监测与分析 [J]．海洋科学，2015，39 (2)：43-49.

[10] 杨雷，孙伟富，马毅，等．近10年珠海海岸带海岸线时空变化遥感分析 [J]．海洋科学，2017 (02)：20-28.

[11] SHEIK M，CHANDRASEKAR. A shoreline change analysis along the coast between Kanyakumari and Tuticorin，India，using digital shoreline analysis system [J]. Geo-Cpotial Information Science (英文版)，2011，14 (4)：282-293.

[12] 瞿继双，王超，王正志．一种基于多阈值的形态学提取遥感图像海岸线特征方法 [J]．中国图像图形学报，2003，8 (7)：805-809.

[13] 邓江生，樊利恒，古立莉．一种遥感图像中海岸线提取方法 [J]．光电技术应用，2012，27 (5)：56-59.

[14] CHOUNG YJ，JO M H. Shoreline Change Assessment for Various Types of Coasts Using Multi-Temporal Landsat Imagery of the East Coast of South Korea [J]. Remote Sensing Letters，2016，7 (1)：91-100.

[15] 马小峰．海岸线卫星遥感提取方法研究 [D]．大连：大连海事大学，2007.

[16] 王李娟，牛铮，赵德刚，等．基于ETM遥感影像的海岸线提取与验证研究 [J]．遥感技术与应用，2010，25 (2)：235-239.

[17] BOUCHAHMA M，YAN W. Automatic Measurement of Shoreline Change on Djerba Island of Tunisia [J]. Computer & Information Science，2012，5 (5)：17.

[18] 冯兰娣，孙效功，胥可辉．利用海岸带遥感图像提取岸线的小波变换方法 [J]．青岛海洋大学学报（自然科学版），2002（05）：777-781.

[19] 刘鹏．海岸线影像特征提取方法与实证研究 [D]．福州：福建师范大学，2008.

[20] 王常颖，王志锐，初佳兰，等．基于决策树与密度聚类的高分辨率影像海岸线提取方法 [J]．海洋环境科学，2017（04）：590-595.

[21] 陈竑宇．基于主动轮廓模型的遥感图像海岸线检测方法[D]．大连：大连海事大学，2014.

[22] ZHANG H，ZHANG B，GUO H，et al. An automatic coastline extraction method based on active contourmodel [C]. International Conference on Geoinformatics，2013：1-5.

[23] SHENG G，YANG W，DENG X，et al. Coastline Detection in Synthetic Aperture Radar (SAR) Imagesby Integrating Watershed Transformation and Controllable Gradient Vector Flow (GVF) Snake Model [J]. IEEE Journal of Oceanic Engineering，2012，37（3）：375-383.

[24] 赖志坤．海岸线变化速率的灰关联分析方法研究 [J]．海洋测绘，2012，32（1）：42-44.

[25] 冯永玖，刘丹，韩震．遥感和 GIS 支持下的九段沙岸线提取及变迁研究 [J]．国土资源遥感，2012（01）：65-69.

[26] 施婷婷，徐涵秋，王帅，等．海上丝绸之路起点-泉州港岸线变化的遥感动态研究 [J]．地球信息科学学报，2017（03）：407-416.

[27] JR C W J，ALEXANDER C R. BUSH D M. Application of the AM-

BUR R Package for Spatio-Temporal Analysis of Shoreline Change: Jekyll Island. Georgia, USA [J]. Computers & Geosciences, 2012, 41 (2): 199-207.

[28] THIELER E R, HIMMELSTOSS E A, ZICHICHI J L, et al. The Digital Shoreline Analysis System (DSAS) Version 4. 0 - An ArcGIS Extension for Calculating Shoreline Change [R]. VS Department of the Interior: Vs Gelogrcal Survey, 2009.

[29] AGUILAR F J, FERNÁNDEZ I, AGUILAR M A, et al. Assessing Shoreline Change Rates in Mediterranean Beaches [M]. Berlin-Springer, Cham, 2018.

[30] 梁超，黄磊，崔松雪，等. 近5年三亚海岸线变化研究 [J]. 海洋开发与管理，2015 (05): 43-45.

[31] 段依妮，滕骏华，蔡文博. 基于潮位观测的三亚湾海岸侵蚀遥感提取与分析 [J]. 海洋预报，2016, 33 (3): 57-64.

[32] ZHI G, PEIHONG J, GONGCHENG L, et al. 基于 Canny 算子的海南陵水双潟湖岸线提取技术 [J]. Quaternary Sciences, 2016, 35 (1): 113-120.

[33] 丁式江，宋宏儒，丁波. 用 TM 影像分析海南岛西部海岸线变迁 [C]. 全国国土资源与环境遥感技术应用交流会，2004: 5.

[34] 姚晓静，高义，杜云艳，等. 基于遥感技术的近 30a 海南岛海岸线时空变化 [J]. 自然资源学报，2013, 28 (1): 114-125.

[35] 包萌. 近40年间海南岛海岸线遥感监测与变迁分析 [D]. 呼和浩特：内蒙古师范大学，2014.

[36] 田会波，印萍，贾永刚. 万宁东部海岸侵蚀现状及原因分析 [J]. 海洋环境科学，2016，35（5）：718-724；李刚，万荣胜，陈泓君，等. 海南岛南部海岸线变迁及其成因 [J]. 海洋地质前沿，2018（1）：48-54.

[37] BYRNES M R，HILAND M W. Large-Scale Sediment Transport Patterns on the Continental Shelf and Influence on Shoreline Response：St. Andrew Sound，Georgia to Nassau，Florida，USA [J]. Marine Geology，1995，126（1-4）：19-34.

[38] YKSEK O，NSOY H，BIRBEN A R，et al. Coastal erosion in Eastern Black Sea region，Turkey [J]. Coastal Engineering，1995，26（3-4）：225-239.

[39] WALTON Jr T L. Even-odd analysison a complex shoreline [J]. Ocean Engineering，2002，29（6）：711-719.

[40] THAMPANYA U，VERMAAT J E，SINSAKUL S，et al. Coastal erosion and mangrove progradation of southern Thailand [J]. Estuarine，Coastal and Shelf Science，2006，68（1-2）：75-85.

[41] 朱燕玲，过仲阳，叶属峰，等. 崇明东滩海岸带生态系统退化诊断体系的构建 [J]. 应用生态学报，2011，22（02）：513-518.

[42] 袁琳，张利权，翁骏超，等. 基于生态系统的上海崇明东滩海岸带生态系统退化诊断 [J]. 海洋与湖沼，2015，46（01）：109-117.

[43] 侯西勇，刘静，宋洋，等. 中国大陆海岸线开发利用的生态环境影响与政策建议 [J]. 中国科学院院刊，2016，31（10）：1143-1150.

[44] 寻晨曦，张志卫，黄沛，等. 生态系统服务价值评估在钦州市海岸线保护与利用规划中的应用研究 [J]. 海洋环境科学，2019，38 (06)：911-918.

[45] 程宪伟，梁银秀，祝惠，等. 人工湿地处理水体中抗生素的研究进展 [J]. 湿地科学，2017，15 (01)：125-131.

[46] ZHANG C H, NING K, ZHANG W, et al. Determination and removal of antibiotics in secondary effluent using a horizontal subsurface flow constructed wetland. [J]. Environmental Science: Processes & Impacts, 2013, 15 (4): 709-714.

[47] 甄佳宁，廖静娟，沈国状. 1987 以来海南省清澜港红树林变化的遥感监测与分析 [J]. 湿地科学，2019，17 (01)：44-51.

[48] 王海燕，庄振业，曹立华，等. 荷兰诺德维克水下抛沙修复海滩及其意义 [J]. 海洋地质前沿，2019，35 (11)：66-73.

[49] 管松，刘大海. 美国海岸带管理项目制度及对我国的启示 [J]. 环境保护，2019，47 (13)：64-67.

[50] 刘亮，王厚军，岳奇. 我国海岸线保护利用现状及管理对策 [J]. 海洋环境科学，2020，39 (05)：723-731.

[51] 胡莹莹，王菊英，马德毅. 近岸养殖区抗生素的海洋环境效应研究进展 [J]. 海洋环境科学，2004，23 (4)：76-80.

[52] LI W H, SHI Y L, GAO L H, et al. Occurrence of antibiotics in water, sediments, aquatic plants, and animals from Baiyangdian Lake in North China [J]. Chemosphere, 2012, 89 (11): 1307-1315.

[53] ZHANG R J, ZHANG R L, YU K F, et al. Occurrence,

sources and transport of antibiotics in the surface water of coral reef regions in the South China Sea: potential risk tocoral growth [J] . Environmental Pollution, 2018 (232): 450-457.

[54] CHEN H, LIU S, XU X R, et al. Antibiotics in typical marine aquaculture farms surrounding Hailing Island, South China: occurrence, bioaccumulation and human dietary exposure [J] . Marine Pollution Bulletin, 2015, 90 (1-2) : 181-187.

[55] LEAL J F, HENRIQUES I S, CORREIA A, et al. Antibacterial activity of oxytetracycline photo products in marine aquaculture´s water [J] . Environmental Pollution, 2017 (220): 644-649.

[56] ZHANG R L, PEI J Y, ZHANG R J, et al. Occurrence and distribution of antibiotics in mariculture farms, estuaries and the coast of the Beibu Gulf, China: bioconcentration and dietsafety of seafood [J] . Ecotoxicology and Environmental Safety, 2018 (154): 27-35.

[57] ZOU S C, XU W H, ZHANG R J, et al. Occurrence and distribution of antibiotics in coastal water of the Bohai Bay, China: impacts of river discharge and aquaculture activities [J] . Environmental Pollution, 2011, 159 (10) : 2913-2920.

[58] GARCIA- GALÁN M J, VILLAGRASA M, DIAZ - CRUZ MS, et al. LC-QqLIT MS analysis of nine sulfonamides and one of their acetylated metabolites in the Llobregat River basin. Quantitative determination and qualitative evaluation by IDA experiments [J] . Analytical and Bioanalytical Chemistry, 2010, 397 (3) : 1325-1334.

[59] HEDBERG N, STENSON I, PETTERSSON M N, et al. Antibiotic use in Vietnamese fish and lobster sea cage farms; implications for coral reefs and human health [J] . Aquaculture, 2018 (495): 366-375.

[60] LI S, SHI W Z, LI H M, et al. Antibiotics in water and sediments of rivers and coastal area of Zhuhai City, Pearl River estuary, south China [J]. Science of The Total Environment, 2018 (636): 1009-1019.

[61] KIM S C, CARLSON K. Temporal and spatial trends in the occurrence of human and veterinary antibiotics in aqueous and river sediment matrices [J] . Environmental Science &Technology, 2007, 41 (1) : 50-57.

[62] ZHU Y G, ZHAO Y, LI B, et al. Continental-scale pollution of estuaries with antibiotic resistance genes [J] . Nature Microbiology, 2017, 2 (4) : 16270.

[63] ZHONG Y H, CHEN Z F, DAI X X, et al. Investigation of the interaction between the fate of antibiotics in aqua farms and their level in the environment [J] . Journal of Environmental Management, 2018 (207): 219-229.

[64] PATEL M, KUMAR R, KISHOR K, et al. Pharmaceuticals of emerging concern in aquatic systems: chemistry, occurrence, effects, and removal methods [J] . Chemical Reviews, 2019, 119 (6) : 3510-3673.

[65] LEI K H, LAI H T. Effects of sunlight, microbial activity, and temperature on the declines of antibiotic lincomycin fresh water and saline aquaculture pond waters and sediments [J] . Environmental Science and Pollution Research, 2019, 26 (33) : 33988-33994.

[66] XU W H, ZHANG G, WAI O W H, et al. Transport and adsorption of antibiotics by marine sediments in a dynamic environment [J]. Journal of Soils and Sediments, 2009, 9 (4): 364-373.

[67] VAN DOORSLAER X, DEWULF J, VAN LANGENHOVEH, et al. Fluoroquinol one antibiotics: an emerging class of environmental micro pollutants [J]. Science of The Total Environment, 2014 (500-501): 250-269.

[68] CHEN J F, XIE S G. Overview of sulfonamide biodegradation and the relevant pathways and microorganisms [J]. Science of The Total Environment, 2018 (640-641): 1465-1477.

[69] SIEDLEWICZ G, BIALK -BIELINSKA A, BORECKA M, etal. Presence, concentrations and risk assessment of selected antibiotic residues in sediments and near-bottom waters collected from the Polish coastal zone in the southern Baltic Sea- Summary of 3 years of studies [J]. Marine Pollution Bulletin, 2018, 129 (2): 787-801.

[70] 马国军，曲秋芝，吴文化，等. 抗生素在水产养殖上的应用 [J]. 水产学杂志，2001，14 (1): 73-76.

[71] 吕玄文. 淡水养殖鱼塘中氯霉素污染及微生物降解研究 [D]. 广州：华南理工大学，2009.

[72] 佟建明. 饲用抗生素、动物免疫系统和肠道微生物的三元平衡 [J]. 动物科学与动物医学，2000，11 (4): 38-40.

[73] 严莉，蔡祥敏. 抗生素在水产养殖中的应用及注意事项 [J]. 饲料研究，2004 (4): 35-3.

[74] 陈琴，张敏. EM 在水产养殖中的应用 [J]. 渔业现代化，2002 (3)：20-22.

[75] 刘玉林. 淡水水产品抗生素使用现状及其研究技术检测进展 [J]. 农业科学实验，2019 (3)：81-82，93.

[76] 万夕和. 浅析抗生素在水产养殖应用中的利和弊 [J]. 中国水产，2002 (3)：66.

[77] 郝勤伟，徐向荣，陈辉等. 广州市南沙水产养殖区抗生素的残留特性 [J]. 热带海洋学报，2017，36 (1)：106-113.

[78] 周启星，罗义，王美娥. 抗生素的环境残留、生态毒性及抗性基因污染 [J]. 生态毒理学报，2007，2 (3)：243-251.

[79] 胡莹莹，王菊英，马德义. 近岸养殖区抗生素的海洋环境效应研究进展 [J]. 海洋环境科学，2004，23 (4)：76-80.

[80] 崔晓波，曲文彦，高文秀. 水体抗生素污染现状及藻类生态风险评价 [J]. 山西农业科学，2017，45 (12)：2056-2062.

[81] 严拾伟. 诺氟沙星对大型溞行为及种群动态的影响研究 [D]. 昆明：云南大学，2016.

[82] 杨灿. 典型抗生素对水生生物的毒性效应及生态风险阈值研究 [D]. 上海：华东理工大学，2019.

[83] 林涛，陈燕秋，陈卫. 水体中磺胺嘧啶对斑马鱼的生态毒性效应 [J]. 安全与环境学报，2014，14 (3)：324-327.

[84] LIU X，STEELE J C，MENG X Z. Usage，residue，and human health risk of antibiotics in Chinese aquaculture：a review [J]. Environmental Pollution，2017 (223)：161-169.

[85] BESSE J P, KAUSCH - BARRE TO C, GARRIC J. Exposure assessment of pharmaceuticals and their metabolites in the aquatic environment: application to the French situation and preliminary prioritization [J]. Human and Ecological Risk Assessment: An International Journal, 2008, 14 (4): 665-695.

[86] CHEN C Q, ZHENG L, ZHOU J L, et al. Persistence and risk of antibiotic residues and antibiotic resistance genes in major mariculture sites in Southeast China [J]. Science of the Total Environment, 2017 (580): 1175-1184.

[87] GAO Q X, LI Y L, QI Z H, et al. Diverse and abundant antibiotic resistance genes from mariculture sites of China´s coastline [J]. Science of the Total Environment, 2018 (630): 117-125.

[88] PALLEJA A, MIKKELSEN K H, FORSLUND S K, et al. Recovery of gut microbiota of he thy adults following antibiotic exposure [J]. Nature Microbiology, 2018, 3 (11) : 1255-1265.

[89] RICHMOND E K, ROSI E J, WALTERS D M, et al. Adiverse suite of pharmaceuticals contaminates stream and riparian food webs [J]. Nature Communications, 2018, 9 (1) : 4491.

[90] ANDERSSON D I, HUGHES D. Eplution of antibiotic resistance at non-lethal drug concentrations [J]. Drug Resistance Updates, 2012, 15 (3) : 162-172.

[91] HE X T, DENG M C, WANG Q, et al. Residues and health risk assessment of quinolones and sulfonamides in culture dish from Pearl

River Delta, China [J] . Aquaculture, 2016 (458): 38-46.

[92] 郝红珊，徐亚茹，高月，等. 珠江口海水养殖区水体、沉积物及水产品中抗生素的分布 [J]. 北京大学学报（自然科学版），2018，54 (5) : 1077-1084.

后　记

庚子之春，国内外暴发的新冠肺炎疫情，使全球开始高度关注公共卫生健康。健康是人生命之所系，是人全面发展的基础，事关国家和民族的前途命运。

“全健康”从“人类—动物—环境”健康的整体视角解决复杂健康问题，是贯彻落实习近平总书记关于构建起强大的公共卫生体系重要指示精神的新策略和新方法；“全健康”强调多机构跨学科跨地域的协作交流，是积极构建人类卫生健康共同体的重要途径；“全健康”通过统一收集分析人类、动物和环境在疾病防控中的综合信息构建传染病综合预防网络，是海南建成全国公卫体系最健全城市之一的重要支撑。

人民健康是民族昌盛和国家富强的重要标志。而“全健康”理念作为综合系统的健康理念，需要时间来规划与研究，但更需要的是落实行动。以人民健康为中心推行“全健康”理念，需要发动全民参与，政府、企业、医院、媒体，乃至个人都有责任。

“全健康”理念契合了海南自由贸易港公共卫生治理创新的需要，符合自由贸易港建设中政府治理创新的客观要求，是全力加速建设海南自贸港必不可少的一项重要理念支撑。海南自贸港是“全健康”的试验场，从强基层、重人才、再教育等方面入手，发扬海南自贸港“椰树精神”和“特区精神”，推广和运用“全健康”理念，建立健全法律法规、政府治理、技术、保障四个体系，从而筑牢以人为本的健康保障体系，打造具有世界影响力的“全健康”标准体系和“全健康”先行先试实践范例。

相信在未来，海南医学院全健康研究中心能提供更具有价值与高度的智慧方案，为社会的繁荣发展和建设海南自由贸易港贡献力量。最后，感谢方祖成、符雨薇、李俞彤、袁禹辰、王妮妮、梁靖、杨虹嫚、高忠豪、容子龙、肖东瑛、张柏钧为撰写本书所进行“三下乡”调研过程中付出的辛苦；感谢海南医学院全健康研究中心对本书出版的支持；感谢研究生处王烁今副处长对课题给予的帮助；衷心感谢海南医学院管理学院党委书记梁昌联对本书全健康“研创课题”实地调研给予的热情指导。

黄美淳

2022 年 7 月 16 日